广西甘蔗区域单产预测模型研究

侯彦林　等主编

中国农业大学出版社
· 北京 ·

内 容 简 介

本书通过数据挖掘方法，基于过去多年单产和生育期关键气象条件，构建了广西14个地区甘蔗区域单产预测模型，验证结果表明，预测模型可以用于除极端气象条件外的甘蔗区域单产预测，为甘蔗单产田间调控措施的制定提供了科学依据，有利于甘蔗种植效益的稳定和提高。本书内容包括甘蔗单产预测模型研究概况、研究方法的构建、广西14个地区甘蔗区域单产预测模型研究、综合研究。

本书可供从事农学、农业气象学、农业大数据、土壤学、植物营养学、生态学、地理学、园艺学等的科学工作者以及大专院校相关专业的师生参考。

图书在版编目(CIP)数据

广西甘蔗区域单产预测模型研究/侯彦林等主编. --北京：中国农业大学出版社，2023.6

ISBN 978-7-5655-3021-0

Ⅰ.①广…　Ⅱ.①侯…　Ⅲ.①甘蔗－单位面积产量－研究　Ⅳ.①S566.1

中国国家版本馆CIP数据核字(2023)第121074号

书　　名　广西甘蔗区域单产预测模型研究

作　　者　侯彦林　等主编

策划编辑　康昊婷　　**责任编辑**　康昊婷

封面设计　郑　川　李尘工作室

出版发行　中国农业大学出版社

社　　址　北京市海淀区圆明园西路2号　　**邮政编码**　100193

电　　话　发行部 010-62733489，1190　　读者服务部 010-62732336

编辑部 010-62732617，2618　　出　版　部 010-62733440

网　　址　http://www.caupress.cn　　**E-mail**　cbsszs@cau.edu.cn

经　　销　新华书店

印　　刷　涿州市星河印刷有限公司

版　　次　2023年6月第1版　　2023年6月第1次印刷

规　　格　185 mm×260 mm　　16开本　　8.5印张　　208千字

定　　价　79.00元

主要作者简介

侯彦林：吉林人，1959年12月出生，博士，二级研究员，博士生导师，中国科学院“百人计划人才”，广西“八桂学者”。主要研究方向：生态平衡施肥、农业大数据和农业地理信息学。著有《生态平衡施肥理论、方法及其应用》《粮食预测理论、方法及其应用》《墒情诊断理论、方法及其验证》《大田作物生态平衡施肥指标体系研究》《农业地理信息学》。

编 委 会

前言

Preface

甘蔗按用途不同分为糖蔗、果蔗、能源甘蔗、饲料甘蔗，是世界上最重要的糖料作物。食糖是关系国计民生的重要战略物资，也是全球重要的大宗农产品之一，我国是食糖生产和消费大国。根据国家统计局数据显示，2016—2020 年，我国糖料种植面积约 160 万 hm^2，2020 年我国糖料产量为 1.2 亿 t。2019—2020 年，我国食糖产量为 1 040 万 t，消费量为 1 540 万 t，供给率不足 70%，糖料供求不平衡的现象突出。

广西是我国乃至全球最适宜种植甘蔗的地区之一，是全国最大的蔗糖生产基地。2020—2021 年，广西全区甘蔗种植面积约为 111.52 万 hm^2，占全国种植面积的 70%左右，总产量 7 896.93 万 t；蔗糖业从业人数占全区人口近 40%，约 2 000 万人。由此可见，甘蔗是广西重要的经济作物，是广西的支柱产业和农民增收最主要的经济来源之一。

基于气象条件的区域甘蔗单产预测模型的研究，能够根据实时气象条件预测区域甘蔗单产，进而根据播种面积预测总产，可以为甘蔗田间管理措施的制定、实时措施调整的实施以及种植区域优化提供科学依据。

以往对影响甘蔗生长和单产的研究主要从气候或气象因素、土壤理化性质、人为因素（如农业技术、耕作制度、施肥情况、秸秆还田）等层面进行定性或定量分析。与人为因素相比，气候或气象因素具有调控难度大、成本高等特点，同时在极端气候或气象条件影响下，具有很大的不确定性。因此，气候或气象因素是制约甘蔗生长和单产的主要因素。前人研究表明：降水量、温度、日照时数、相对湿度与甘蔗生长密切相关。我国甘蔗单产与温度和降水量呈正相关，夏季增温有利于甘蔗单产提高，而秋季降雨量减少有利于甘蔗糖分的积累。

在自然因素和社会因素共同影响下形成农作物单产，它与气象条件、下垫面条件（包括土壤条件）、农业技术管理水平和作物品种等因素密切相关。以时间序列为基础，作物单产（Y）可以分解为趋势单产（Y_t）、气象单产（Y_c）、随机单产（ε）三部分。趋势单产是科技进步、市场供需和社会经济等因素形成的逐步递增的趋势性单产变化；气象单产反映年际间由气象条件不同引起的单产变化；由其他因素引起的单产变化称为随机单产。因此，农作物单产可以表示为：$Y = Y_t + Y_c + \varepsilon$。分离农作物趋势单产的方法主要包括：滑动平均法、指数平滑法、Logistic 拟合法和 HP 滤波法等。一般利用分离趋势单产后的气象单产与关键气象指标建立单产预测模型，这些模型存在的共性问题是没有有效分离掉随时间增加的科技进步对单产的贡献，这部分贡献常常被包含在气象单产中，使预测误差偏大。

本书采用科技进步单产分离方法，获得不同历史年的气象单产，气象单产即为当年单产与科技进步趋势单产之差。科技进步趋势单产为历史多年实际单产的趋势单产，多数情况下为一元回归方程的回归值；气象单产为正值时代表当年气象条件优于多年平均气象条件，为负值时代表当年气象条件劣于多年平均气象条件，为零时代表当年气象条件与多年平均气象条件相当。通过气象单产与生育期基于大数据算法的精准时段的关键气象指标的相关性分析，获得关键气象指标，再构建基于多个关键气象指标、2022 年实际单产、2022 年实际气象单产的甘蔗区域单产预测模型，并利用未建模年验证，最后确定甘蔗区域单产预测模型和指标体系。

本书通过数据挖掘方法，构建了基于 2022 年实际单产、2022 年实际气象单产和生育期关键气象条件的广西 14 个地区甘蔗区域单产预测模型，验证结果表明，预测模型可以用于除极端气象条件外的甘蔗区域单产预测，为甘蔗单产田间调控措施的制定提供了科学依据，有利于甘蔗种植效益的稳定和提高。

本书创新点和特色包括以下几个方面。

(1)空间上，对广西甘蔗区域单产预测模型进行了系统研究，研究空间大，并将全区按 14 个行政地区进行分区研究，以揭示单产的不同区域气象影响指标的异同点，为构建全区预测平台提供分区模型和指标体系。

(2)时间上，同一区域不同年份之间的单产除受科技进步的影响外，主要受气象条件影响，因此可以构建分离科技进步因素后的气象单产与关键气象条件的关系模型，进而提高单产预测精度。

(3)内容上，建立了基于 2022 年实际单产、2022 年实际气象单产和生育期关键气象条件的两类预测模型。

本书得到广西“八桂学者专项资金”、广西地标作物大数据工程技术研究中心(2018GCZX0020)、广西壮族自治区科技重大专项“天空地网‘数字蔗田’技术平台的构建与应用示范项目”子课题“面向数字蔗田的智慧管理一体化服务平台建设与应用示范”(桂科 AA22117006)等项目经费的资助，在此表示感谢。

由于编者水平所限，书中不足之处在所难免，恳请大家批评指正。

侯彦林

2023 年 3 月 31 日

于南宁

目录

Contents

第一章　甘蔗单产预测模型研究概况

第一节　研究概况

1. 研究目的和意义

甘蔗(*Saccharum officinarum* L.)又称糖蔗，甘蔗属，多年生高大实心草本。甘蔗适合栽种于土壤肥沃、阳光充足、冬夏温差大的地方，主要种植在我国台湾、福建、广东、海南、广西、四川、云南等南方亚热带地区。甘蔗是制造蔗糖的原料，可提炼乙醇作为能源替代品，因此是一种重要的经济农作物，是世界上最重要的糖料作物及较有发展潜力的可再生能源作物。全世界有100多个国家生产甘蔗，最大的甘蔗生产国是巴西、印度和中国。

中国是世界上食糖生产和消费大国，食糖是关系国计民生的重要战略物资，也是全球重要的大宗农产品之一。根据国家统计局数据显示，2016—2020年，我国糖料种植面积约160万hm^2，糖料产量整体呈现波动增长的态势。其中，2020年，我国糖料产量为1.2亿t，比2019年有所减少。我国食糖主要依靠国内供应，糖料供求不平衡的现象明显，一定程度上影响国民经济的发展。

广西是我国最大的糖业生产基地，糖料蔗种植面积、总产量和产糖量均居全国第一[1]。广西地处中国南部，位于北纬20°54′～26°24′，东经104°26′～112°04′，属亚热带季风气候区。全区大部地区气候温暖，热量丰富，雨水丰沛，年降水量在1 070 mm以上，年平均气温16.0～23.0 ℃，≥10 ℃积温为5 000～8 000 ℃，是全国最高积温省区之一。甘蔗是喜高温、强光照和充足水分的经济作物。气候条件是制约区域某种农作物是否正常完成其生长周期的主要因素，我国甘蔗90%以上种植在无灌溉条件的旱地、坡地和山地，生长周期长，适宜生长地域宽，受气候影响较大[2,3]。根据联合国政府间气候变化专门委员会(IPCC)第五次评估报告显示，全球变暖速度加剧，1880—2012年，全球平均气温上升0.85 ℃[4]，受二氧化碳排放影响，全球变暖的程度将进一步上升。在全球变暖的背景影响下，中国的平均气温出现明显升高的趋势，与1961—1990年平均气温相比，2001—2010年中国平均气温偏高1.03 ℃，2015年平均气温偏高1.46 ℃[5]。全球变暖导致水热资源分配不均衡，易诱发干旱、洪涝等灾害发生，造成农作物减产甚至绝收。因此，需进一步分析甘蔗生长期气候资源变化及关键气候因子变化，为提高甘蔗单产和稳定、提高总产提供依据。

得天独厚的地理及气候优势，使广西成为全国最大的蔗糖生产基地。2020—2021年，广西全区甘蔗种植面积约为111.52万hm^2，总产量7 896.93万t；蔗糖业从业人数占全区人口近40%，约2 000万人。由此可见，甘蔗产业已经成为推动广西人民致富、经济发展和税收增长的重要产业。及时、准确地监测甘蔗种植信息，并对甘蔗产量进行预测，有助于农作物的种植规划和市场调控，对区域经济健康循环发展具有重要意义。

2. 甘蔗单产研究概况

以往对甘蔗生长和单产主要从气候因素[3]、土壤自身的理化性质[6]、人为因素[7-9](如农业技术、耕作制度、施肥情况、秸秆还田)等层面进行定性、定量化分析。与人为因素相比,气候因素具有调控程度难、成本高等特点,同时在极端气候的影响下,具有很大的不确定性。因此,气候因素成为制约甘蔗生长和产量的主要因素。前人研究表明:降水、温度、日照、相对湿度与甘蔗生长密切相关。付建涛等[10]采用一阶差分法和一元线性回归分析的方法,分析了 1990—2015 年广东、广西和云南气象数据和国家统计局甘蔗单产的关系,发现全国甘蔗单产与温度和降水量呈正相关关系,其中温度变化对甘蔗单产影响显著。刘振洋等[11]选取云南省 5 个甘蔗主产区的甘蔗种植数据和地区气象数据作为研究对象,使用关联规则算法对研究区域 9 个影响因素进行分析,得出 5 个甘蔗产量的强关联因素作为样本特征,将样本特征代入多元线性回归算法,构建产量预测模型,研究发现关联规则算法可提升多元线性回归产量预测模型的准确率,该模型在云南省的 5 个甘蔗主产区均表现出较好的预测效果。谢平等[12]对近 44 年徐闻气候因子的趋势性、阶段性和周期性进行分析,研究结果表明:夏季增温有利于甘蔗产量提高,秋季降雨量减少对甘蔗糖分积累有利。黄中艳[13]依据作物生态学原理选定评价指标,应用系统聚类法进行全国甘蔗气候分类。分析各甘蔗气候区光照、温度和水的分配差异,结果表明:广西大部区域甘蔗生长季较长、夏季光热水充足,但晚秋冬季干旱明显,影响甘蔗的生长和单产。黄智刚等[14]应用基于甘蔗生长机理的 APSIM-Sugarcane 动态模拟模型对南宁一块试验地的甘蔗产量进行动态模拟和验证,结果表明:蔗茎和蔗糖的模拟产量与实测产量分别相差 440 g/m^2 和 330 g/m^2,地上部干物重模拟值与实测值的线性回归方程斜率为 1.1,决定系数为 0.94,说明模型对甘蔗产量的模拟具有较高的准确性。蒋菊生等[15]通过单因子分析,发现甘蔗新台糖 1 号的生长发育期内降雨、积温、日照时数的连续累计值与株高生长呈极显著的线性相关;以 Richards 方程作为基本模型,经综合分析确定并用 Marquardt 迭代法建立综合预测模型,该模型因其含有时间变量和各参数能做出合理的解释,而对样本资料具有灵活的切合性能和适用性。李修华等[16]运用 BP 神经网络及遗传算法优化初始阈值的 BP 神经网络(GA-BP)对所选地块的甘蔗产量进行预测,结果表明:GA-BP 神经网络模型的预测精度明显高于 BP 神经网络模型,用 GA-BP 神经网络预测甘蔗产量是有效、可行的。于珍珍[17]基于湛江观测实验站 2011—2020 年田间物联网获取的气象因子(大气相对湿度、大气温度、降雨量)、田间水热因子及甘蔗产量,采用 BP 神经网络及 GA-BP 神经网络模型对所选地区甘蔗产量进行预测,结果表明:GA-BP 神经网络模型能够更加科学、合理地预测甘蔗产量。钟楚等[18]利用 2007—2009 年甘蔗茎伸长期旬积温、平均气温、降水量、日照时数和对应的生长天数,通过 Richards 函数对甘蔗茎伸长量进行拟合,建立了综合预测模型,研究发现该模型具有一定的准确性与实用性。郝小玲等[19]运用 R 语言建立了 ARIMA 模型对我国未来甘蔗产量进行了预测。数据检验显示:该模型拟合效果较好,预测精度较高,表明运用该模型对我国甘蔗产量的变化趋势进行分析及预测是可行的,具有较高的实际应用价值。谢名洋等[20]介绍了灰色系统理论 GM 建模机理及方法,以广西忻城县蔗区 1991/1992—1995/1996 年榨季的甘蔗单产数据,建立了甘蔗单产 GM(1,1)预测模型,研究发现该方法与人工神经网络等其他方法相比更为准确可靠。肖凌等[21]根据南宁市气候灾害空间分布及甘蔗的生理生态指标需求,借助 HJ-1 CCD 卫星遥感图像、基础气象数据和地理信息数据,构建南宁市甘蔗气候产量预测模型,对南宁市甘蔗总产量进行预估。刘吉凯[22]选用国产 HJ-1A/B 星 CCD 数据,以监督分类、多时迭代法相结合的方法提取甘蔗种植面积;通过引入随机变量的标准差和离均差的概念并结合田间农学观测数据构建甘蔗长势监测模型,在此基础上利用表征甘蔗长势的植被指数和产量数据构建甘蔗单产遥感估产模型。

3. 农作物单产预测研究概况

农作物产量预测模型已做过大量研究。最常用的模型主要为多元线性回归模型、灰色理论模型、作物生长模型、机器学习和深度学习模型等。李铭[23]基于山东省2000—2019年粮食生产相关数据，选取了可能影响山东省粮食生产的15个影响因素作为解释变量，并采用逐步回归法建立了符合统计学意义的多元线性回归模型。冯欣[24]通过数量化方法Ⅰ拟合曲线分析，筛选影响人工栽培波棱瓜产量的关键影响因子，并采用多元线性回归方法构建藏药波棱瓜子产量预测模型。龚波[25]在利用灰色相对分析法选取关键影响因子的基础上，以粮食产量作为系统特征序列数据，构建了粮食产量的灰色GM(1,N)预测模型。郑昌玲[26]利用全国冬小麦主产区内174个农业气象站冬小麦生育期、叶面积指数和土壤湿度等观测资料以及15个农业气象试验站冬小麦生物量观测资料，完成WOFOST冬小麦模型参数本地化和区域化。马于茗[27]获取AquaCrop模型所需的茶树生长参数，并使用历史数据对模型进行本地化校正，建立了基于AquaCrop模型的安吉县和松阳县茶叶产量预报模型以及3个茶树品种的春茶开采期预报模型。综上所述，以上产量模型都各有其优缺点，多元线性回归模型能够量化产量和影响因子的关系，但它忽略了这两者之间并非简单的线性映射。灰色理论算法具有通用性、操作性强等特点，但由于数据量小，进行产量预测时可能出现较大的系统误差。作物生长模型能综合考虑气候、品种、土壤和田间管理等因素对农作物生长的影响，定量模拟作物的产量形成，缺点是需要众多因子参与模型构建，数据获取难度大，模型的适用性低。机器学习能够对高维度数据进行充分的数据挖掘，处理产量和影响因子之间复杂的非线性关系，能提供更加精确的产量预测。机器学习在产量预测领域得到广泛应用，最为常用的两种机器模型为随机森林模型和GA-BP神经网络模型。王来刚[28]以2005—2019年河南省遥感数据、气象数据、土壤含水率等多源时空数据为特征变量，利用相关性分析和特征重要性选择关键影响因子，构建了融合多源时空数据的冬小麦产量预测模型。廖志豪[29]基于广东省普宁市南溪大陇村2015—2021年物联网获取的温室环境数据与气象环境数据和淮山产量，采用BP神经网络及GA-BP神经网络模型对所选地区淮山产量建立预测模型。

在自然因素和社会因素共同影响下形成了农作物产量，它与气象条件、农业技术管理水平提升和作物品种改良等因素密切相关。以时间序列为基础，作物产量可以分解为趋势产量、气象产量和随机产量[30]。趋势产量是科技进步、市场供需和社会经济等因素增加引起逐步递增的趋势性产量变化。气象产量反映年际间由气象条件引起的产量变动，由其他因素引起的产量变化成为随机产量。因此，农作物产量可表示为：$Y = Y_t + Y_c + \varepsilon$。式中：$Y$表示农作物单产，$Y_t$表示趋势单产，$Y_c$表示气象单产，$\varepsilon$表示随机单产。分离农作物趋势产量的方法主要包括：滑动平均法、指数平滑法、Logistic拟合法和HP滤波法等[31,32]。杨小兵[33]在采用5年滑动平均法分离气象产量的基础上，对安徽各地2000—2017年花生气象产量和气象因子进行灰色关联度分析，筛选出关联度较大的气象因子，并采用逐步回归法建立产量预测模型。许鑫[34]利用HP滤波法分离出气象产量和趋势产量，以气象因子驱动并利用BP神经网络构建模型预测气象产量。除HP滤波法，其他趋势产量分离方法会导致分离后的气象产量序列首端或者尾端数据缺失。HP滤波法分离后的气象产量序列无滞后性，故序列首尾没有缺损。但从普适性和合理性分析，HP滤波法不如滑动平均法和指数平滑法[35]。表1-1为几种产量预测模型的优缺点。

表 1-1 几种产量预测模型的优缺点

产量预测模型	优点	缺点
多元线性回归模型	量化产量和影响因子的关系	不能反映复杂的非线性映射关系
灰色理论模型	通用性、操作性强	数据量小时预测结果可能出现较大的系统误差
作物生长模型	综合考虑气候、品种、土壤和田间管理等因素对农作物生长的影响,定量模拟作物的产量形成	需要众多因子参与模型构建,数据获取难度大,模型的适用性低
随机森林模型	可以处理多特征数据,适应能力强,采用的集成算法回归精度比单个算法精度高	当数据集存在较多错误时,易出现过拟合现象。因此,在进行随机森林预测时需去除异常值
BP 神经网络模型	能解决一些复杂的非线性映射问题	容易陷入局部最优解、收敛速度慢等缺点。因此,需要遗传算法优化模型参数和权重,提高模型的收敛速度和预测精度

4. 本书研究内容

科技进步理论认为单产随管理技术水平和科技的进步等因素而递增,与上述诸多方法相比,其原理简单,可操作性强[36]。本书采用基于科技进步理论的单产预测研究方法,对广西甘蔗区域单产预测模型进行系统研究,构建基于 2022 年实际单产、2022 年实际气象单产和生育期关键气象条件的广西 14 个地区甘蔗区域单产预测模型,验证结果表明,预测模型可以用于除极端气象条件外的甘蔗区域单产预测,为甘蔗单产田间调控措施的制定提供了科学依据,有利于甘蔗种植效益的稳定和提高。

第二节 研究对象基本情况

本研究选择广西 14 个地区甘蔗单产作为研究对象,14 个地区基本情况见表 1-2。

表 1-2 广西 14 个地区甘蔗产地基本情况

地级	纬度	经度	年平均气温/℃	年均降水量/mm	年日照时数/h	年无霜日/d	气候区	面积/hm^2
南宁	22°13′～23°32′	107°45′～108°51′	21.6	1 304.2	1 656.0	346	亚热带季风气候	138 500
崇左	21°36′～23°22′	106°33′～108°06′	21.6	1 200.0	1 600.0	340	亚热带湿润季风区	284 700
来宾	23°16′～24°29′	108°24′～110°28′	20.3	1 360.0	1 582.0	331	亚热带季风气候	131 100
柳州	23°54′～26°03′	108°32′～110°28′	18.8	1 642.5	1 410.0	290	中亚热带季风气候	84 100
河池	23°41′～25°37′	106°34′～109°09′	20.6	1 479.6	1 350.9	347	亚热带季风气候	53 200

续表 1-2

地级	纬度	经度	年平均气温/℃	年均降水量/mm	年日照时数/h	年无霜日/d	气候区	面积/hm²
百色	22°51′～25°07′	104°28′～107°54′	20.6	1 413.0	1 647.0	330	亚热带季风气候	50 600
钦州	21°35′～22°41′	107°27′～109°56′	24.0	1 905.5	1 489.9	350	亚热带向热带过渡性质的海洋季风气候	48 900
防城港	20°36′～22°22′	107°28′～108°36′	22.5	2 362.6	1 736.3	340	南亚热带季风性海洋气候	41 900
北海	20°26′～21°55′	108°50′～109°47′	23.9	1 449.3	1 828.6	350	亚热带海洋性季风气候	30 500
贵港	22°39′～24°20′	109°11′～110°39′	21.5	1 600.0	1 707.5	353	亚热带季风气候	28 000
玉林	22°19′～23°01′	109°39′～110°18′	23.5	1 600.0	1 707.5	353	亚热带季风气候区	15 200
桂林	24°15′～26°23′	109°36′～111°29′	19.1	1 887.6	1 447.1	309	亚热带季风气候	4 200
梧州	22°37′～24°18′	110°18′～111°40′	22.2	1 060.8	1 814.7	350	亚热带季风气候	2 100
贺州	23°39′～25°09′	111°05′～112°03′	20.7	1 806.6	1 289.8	320	亚热带季风气候	2 400

第三节 研究方法

1. 研究方法框图

本书研究方法框图如图 1-1 所示。

2. 本书构建的研究方法

(1)甘蔗一年生产周期划分方法 从甘蔗收获完月的下一个月开始直到下一年收获完月为止的一年生产周期，长度按 365 天计算。

(2)气象数据的收集 收集某地区甘蔗不同单产年或大小年年型等级对应年每日的气象数据，包括每日的最高温度、平均温度、最低温度、平均相对湿度、最小相对湿度、日照时数、降水量 7 个指标。

(3)构建影响单产或大小年年型等级的气象指标变量

①从一年生长周期 365 天的第 1 天开始，分别构造 365 个时段，设第 1 天为第 1 个时段、第

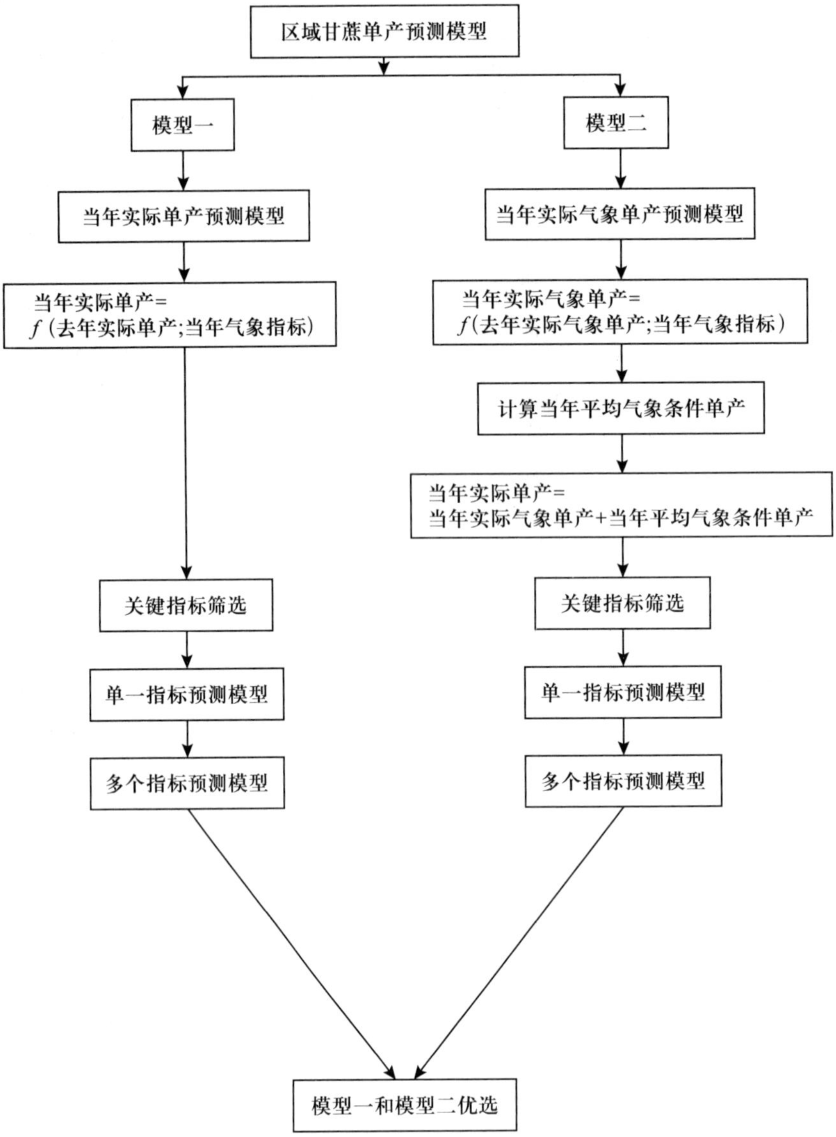

图 1-1　研究方法框图

1～2 天为第 2 个时段、第 1～3 天为第 3 个时段……第 1～365 天为第 365 个时段，计算每个时段 7 个气象指标的平均值或累加值，获得 365×7＝2 555 个变量。

②从一年生长周期 365 天的第 2 天开始，分别构造 364 个时段，设第 2 天为第 1 个时段、第 2～3 天为第 2 个时段、第 2～4 天为第 3 个时段……第 2～365 天为第 364 个时段，计算每个时段 7 个气象指标的平均值或累加值，获得 364×7＝2 548 个变量。

……

③从一年生长周期 365 天的第 364 天开始，分别构造 2 个时段，设第 364 天为第 1 个时段、第 364～365 天为第 2 个时段，计算每个时段 7 个气象指标的平均值或累加值，获得 2×7＝14 个变量。

④从一年生长周期 365 天的第 365 天开始，构造 1 个时段，设第 365 天为 1 个时段，计算这个时段 7 个气象指标的平均值或累加值，获得 1×7＝7 个变量。

合计时段数＝(365＋1)×365÷2＝66 795。合计变量数＝66 795×7＝467 565。

(4)影响单产大小年年型等级的关键气象指标的筛选方法　使用自编软件分别自动计算467 565个变量与年型等级的相关系数，凡是达到显著和极显著相关关系的指标初选为关键气象指标。将同一指标的初选关键气象指标按时间由前向后排列，取相关系数发生拐点时的绝对值、最大值等关键指标。结果有两种情况：一是至少有一个关键气象指标被选择出来；二是没有关键气象指标被选择出来。

(5)单一关键气象指标与年型关系的预测模型　使用筛选出来的关键气象指标与年型进行线性回归，回归方程即为单因素预测模型。当关键气象指标为一个时，模型自回归误差即为一元模型自回归误差，当关键气象指标为一个以上时，模型自回归误差即为多元回归模型自回归误差，因此，本书不单独再对单一关键指标模型进行自回归误差分析。

(6)多个关键气象指标构建多元回归预测模型　构建步骤如下。

①多元回归预测模型的建立。

②多元回归预测模型自回归误差分析。

③多元回归预测模型验证。

④多元回归预测模型关键气象指标范围确定。

(7)定义的模型预测误差

按年型的预测误差＝预测年型－实际年型。此处将－1.0＜当年自回归误差＜1.0的预测年定义为当年预测合格；－1.0＜模型自回归预测误差＜1.0的比例≥80％时定义为模型合格。

按单产的预测误差＝(预测年型单产－实际年型单产)÷实际年型单产×100％。此处将－10％＜当年自回归误差＜10％的预测年定义为当年预测合格；－10％＜当年自回归误差＜10％的比例≥80％时定义为模型合格。

(8)模型筛选　模型一和模型二是基于不同关键指标的两类预测模型，两类模型可以相互补充，并以预测误差最小的模型为优。

(9)建模样本和验证样本　一般情况下，预留10％～20％样本作为验证，不参与建模。

(10)未知年型预测　将未知年关键指标输入到优选确定的多元回归预测模型中可以获得未知年单产值或年型预测值，如是历史年可以验证模型精度，如是当前年可以提前预测单产或年型，预测提前的时间以最后一个关键气象指标时间为节点。

(11)当年实际单产　它反映截至当年的科技进步和当年实际气象条件的单产。

(12)当年实际气象单产　是以当年实际单产Y为纵坐标、以具体年为横坐标的回归方程回归值被当年实际单产Y减去所获得，其为正值时表示当年气象条件的单产好于多年平均气象条件的单产，其为负值时表示当年气象条件的单产劣于多年平均气象条件的单产，其为零时表示当年气象条件的单产等于多年平均气象条件的单产。

(13)去年实际气象单产　为去年气象单产。

(14)当年平均气象条件单产　为当年实际单产与年份之间的回归方程回归值，也称当年平均气象条件单产。

(15)当年单产(预测)值为当年平均气象条件单产(预测)值与当年实际气象单产(预测)值之和。

第二章　南宁市甘蔗单产预测模型研究

第一节　南宁市甘蔗当年实际单产预测模型(模型一)

1. 影响南宁市甘蔗当年实际单产的关键指标

影响南宁市甘蔗当年实际单产的关键指标见表 2-1,关键指标数据见表 2-2。

表 2-1　影响南宁市甘蔗当年实际单产的关键指标

变量和单位	定义	与当年实际单产的关系
X_1/(t/hm^2)	去年实际单产	正相关
X_2/%	当年 3 月 6—31 日每日平均相对湿度的平均值	正相关
X_3/%	当年 7 月 1 日—8 月 31 日每日平均相对湿度的平均值	正相关
X_4/℃	当年 8 月 1 日—10 月 31 日每日最低温度的平均值	正相关

表 2-2　影响南宁市甘蔗当年实际单产的关键指标数据

年份	X_1/(t/hm^2)	X_2/%	X_3/%	X_4/℃	Y/(t/hm^2)
2005	67.43	83.50	83.92	18.60	68.82
2006	68.82	83.46	81.61	18.17	68.94
2007	68.94	85.00	80.06	17.47	74.94
2008	74.94	78.58	81.52	20.00	78.85
2009	78.85	76.62	78.02	20.23	72.87
2010	72.87	72.00	77.24	16.10	63.21
2011	63.21	79.15	75.45	17.67	65.55
2012	65.55	77.81	79.52	17.97	67.17
2013	67.17	79.92	81.31	17.17	73.27
2014	73.27	88.62	84.18	18.50	76.27
2015	76.27	88.62	81.42	19.30	77.16
2016	77.16	84.35	81.29	19.87	79.28
2017	79.28	87.50	86.39	20.77	82.20
2018	82.20	77.96	85.02	19.83	82.04
2019	82.04	87.69	84.21	19.73	85.05

注:Y 为甘蔗当年实际单产。

2. 南宁市甘蔗当年实际单产与单一关键指标关系模型

对表 2-2 中影响南宁市甘蔗当年实际单产的 4 个关键指标与南宁市甘蔗当年实际单产关系制作散点图，结果见图 2-1 至图 2-4。

图 2-1 说明：南宁市甘蔗当年实际单产与去年实际单产（X_1）呈极显著正相关关系；甘蔗当年实际单产随着 X_1 的增加而增加；回归方程为 $Y=0.8541\times X_1+11.8553$，$r=0.792^{**}$（$n=15$，$r_{0.05}=0.514$，$r_{0.01}=0.641$）。

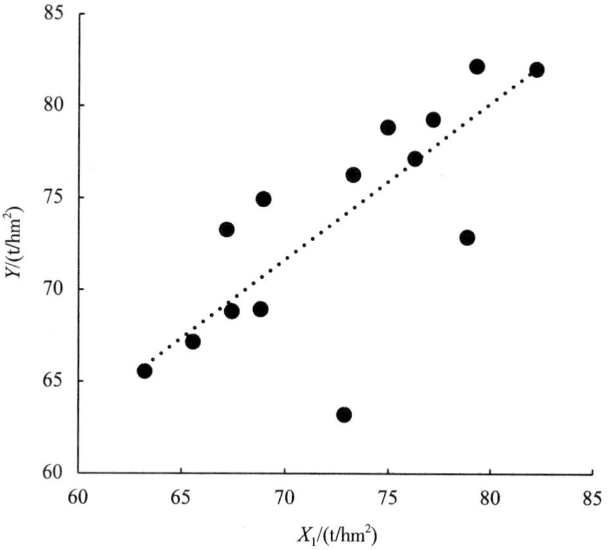

图 2-1　南宁市甘蔗当年实际单产 Y 与 X_1 的关系

图 2-2 说明：南宁市甘蔗当年实际单产与当年 3 月 6—31 日每日平均相对湿度的平均值（X_2）呈显著正相关关系；甘蔗当年实际单产随着 X_2 的增加而增加；回归方程为 $Y=0.7381\times X_2+13.8102$，$r=0.561^{*}$（$n=15$，$r_{0.05}=0.514$，$r_{0.01}=0.641$）。

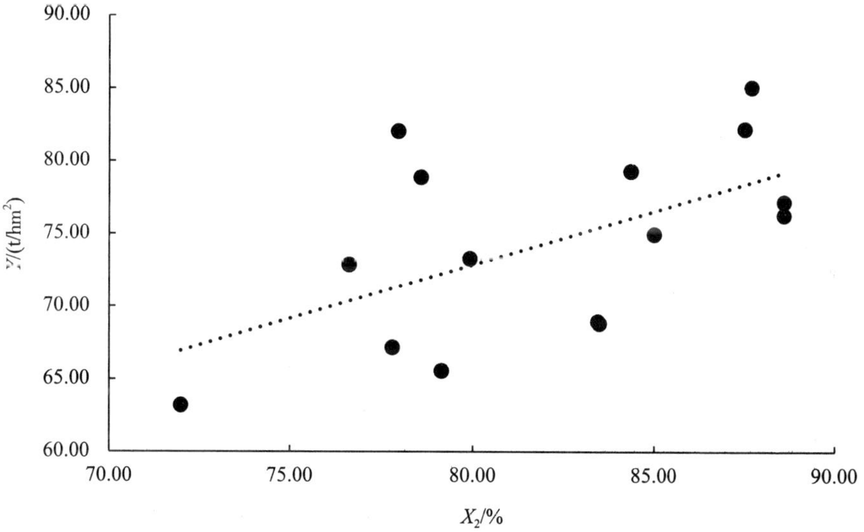

图 2-2　南宁市甘蔗当年实际单产 Y 与 X_2 的关系

图 2-3 说明：南宁市甘蔗当年实际单产与当年 7 月 1 日—8 月 31 日每日平均相对湿度的平均值（X_3）呈极显著正相关关系；甘蔗当年实际单产随着 X_3 的增加而增加；回归方程为 $Y=1.5746\times X_3+53.8138$，$r=0.732^{**}$（$n=15$，$r_{0.05}=0.514$，$r_{0.01}=0.641$）。

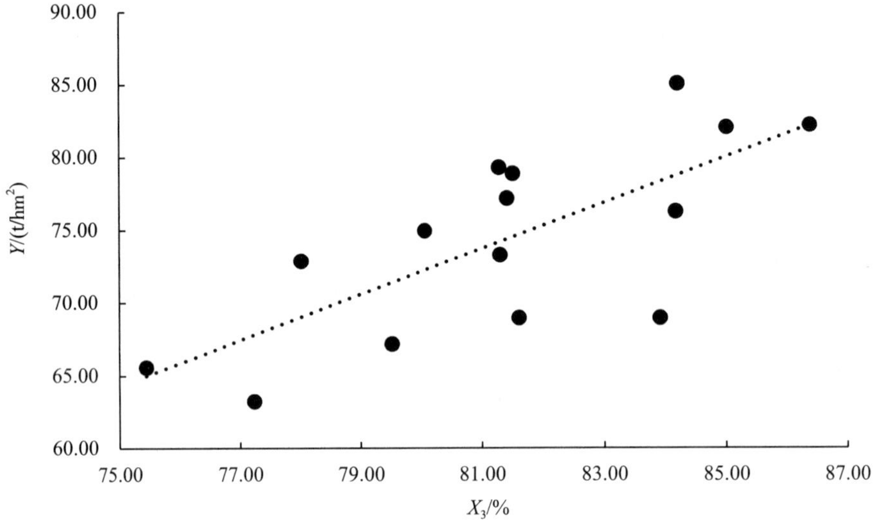

图 2-3　南宁市甘蔗当年实际单产 Y 与 X_3 的关系

图 2-4 说明：南宁市甘蔗当年实际单产与当年 8 月 1 日—10 月 31 日每日最低温度的平均值（X_4）呈极显著正相关关系；甘蔗当年实际单产随着 X_4 的增加而增加；回归方程为 $Y=3.7857\times X_4+3.3625$，$r=0.771^{**}$（$n=15$，$r_{0.05}=0.514$，$r_{0.01}=0.641$）。

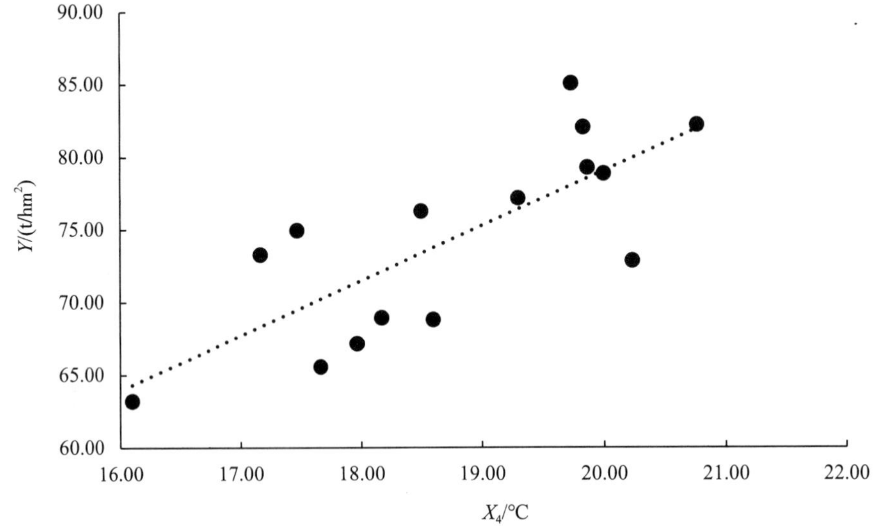

图 2-4　南宁市甘蔗当年实际单产 Y 与 X_4 的关系

3. 南宁市甘蔗当年实际单产预测模型（模型一）

基于表 2-2 中的 4 个关键指标建立综合预测模型：对南宁市 15 年已知甘蔗当年实际单产（Y）与表 2-2 中的 X_1、X_2、X_3、X_4 进行四元回归，得到预测模型 $Y=-46.6188+0.5247\times X_1+$

$0.3441 \times X_2 + 0.4434 \times X_3 + 0.9733 \times X_4$，$r = 0.913^{**}$（$n = 15$，$r_{0.05} = 0.576$，$r_{0.01} = 0.708$）。

4. 南宁市甘蔗当年实际单产预测模型（模型一）自回归误差分析

表 2-3 表明：南宁市甘蔗当年实际单产预测模型自回归误差 15 年全部在 10%以下，模型自回归预测误差低于 10%的比例为 100.0%，模型一合格。

表 2-3　南宁市甘蔗当年实际单产预测模型自回归结果　　t/hm²

年份	Y	Y′	预测误差/%	年份	Y	Y′	预测误差/%
2005	68.82	72.81	5.80	2013	73.27	68.88	−5.99
2006	68.94	72.08	4.55	2014	76.27	77.65	1.81
2007	74.94	71.30	−4.86	2015	77.16	78.78	2.10
2008	78.85	75.35	−4.44	2016	79.28	78.27	−1.27
2009	72.87	75.40	3.47	2017	82.20	83.60	1.70
2010	63.21	66.31	4.90	2018	82.04	80.33	−2.08
2011	65.55	64.43	−1.71	2019	85.05	83.14	−2.25
2012	67.17	67.29	0.18				

注：Y 为甘蔗当年实际单产；Y′为通过模型一自回归预测的甘蔗当年实际单产；预测误差＝（Y′－Y）÷Y×100%。

5. 对南宁市甘蔗当年实际单产预测模型（模型一）关键指标的说明

本书只对模型中使用的气象指标进行说明，下同。

（1）南宁市甘蔗当年实际单产与当年 3 月 6—31 日每日平均相对湿度的平均值（X_2，%）呈正相关，此阶段为甘蔗萌芽期和幼苗期，相对湿度大有利于甘蔗萌芽和幼苗生长。

（2）南宁市甘蔗当年实际单产与当年 7 月 1 日—8 月 31 日每日平均相对湿度的平均值（X_3，%）呈正相关，此阶段为甘蔗伸长期，相对湿度大有利于甘蔗生长。

（3）南宁市甘蔗当年实际单产与当年 8 月 1 日—10 月 31 日每日最低温度的平均值（X_4，℃）呈正相关，此阶段为甘蔗伸长期和成熟期，温度高有利于甘蔗生长和成熟。

第二节　南宁市甘蔗当年实际单产预测模型（模型二）

1. 影响南宁市甘蔗当年实际气象单产的关键指标

影响南宁市甘蔗当年实际气象单产的关键指标见表 2-4，关键指标数据见表 2-5。

表 2-4　影响南宁市甘蔗当年实际气象单产的关键指标

变量和单位	定义	与当年实际气象单产的关系
X_1/(t/hm²)	去年实际气象单产	正相关
X_2/%	当年 7 月 1 日—8 月 31 日每日平均相对湿度的平均值	正相关
X_3/℃	当年 7 月 27 日—8 月 31 日每日最低温度的平均值	正相关

表 2-5　影响南宁市甘蔗当年实际气象单产的关键指标数据

年份	X_1/(t/hm²)	X_2/%	X_3/℃	Y/(t/hm²)	年份	X_1/(t/hm²)	X_2/%	X_3/℃	Y/(t/hm²)
2005	0.75	83.92	22.50	1.17	2013	−7.26	81.31	22.90	−2.13
2006	1.17	81.61	21.30	0.33	2014	−2.13	84.18	22.30	−0.09
2007	0.33	80.06	23.30	5.36	2015	−0.09	81.42	21.90	−0.17
2008	5.36	81.52	22.90	8.29	2016	−0.17	81.29	22.70	0.98
2009	8.29	78.02	23.70	1.34	2017	0.98	86.39	22.90	2.94
2010	1.34	77.24	21.70	−9.28	2018	2.94	85.02	23.40	1.81
2011	−9.28	75.45	21.30	−7.90	2019	1.81	84.21	23.70	3.86
2012	−7.90	79.52	21.70	−7.26					

注:Y 为甘蔗当年实际气象单产。

2. 南宁市甘蔗当年实际气象单产与单一关键指标关系模型

对表 2-5 中影响南宁市甘蔗当年实际气象单产的 3 个关键指标与南宁市甘蔗当年实际气象单产关系绘制散点图,结果分别见图 2-5 至图 2-7。

图 2-5 说明:南宁市甘蔗当年实际气象单产与去年实际气象单产(X_1)呈显著正相关关系;甘蔗当年实际气象单产随着 X_1 的增加而增加;回归方程为 $Y=0.6497\times X_1+0.1167$,$r=0.635^{*}$($n=15$,$r_{0.05}=0.514$,$r_{0.01}=0.641$)。

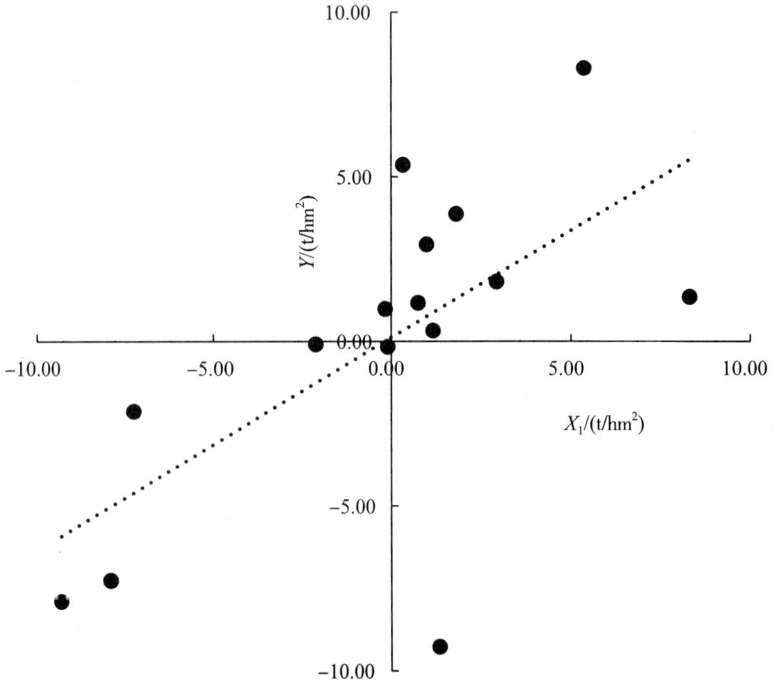

图 2-5　南宁市甘蔗当年实际气象单产 Y 与 X_1 的关系

图 2-6 说明：南宁市甘蔗当年实际气象单产与当年 7 月 1 日—8 月 31 日每日平均相对湿度的平均值(X_2)呈显著正相关关系；甘蔗当年实际气象单产随着 X_2 的增加而增加；回归方程为 $Y=0.9534\times X_2-77.6687$，$r=0.579^*$ ($n=15$，$r_{0.05}=0.514$，$r_{0.01}=0.641$)。

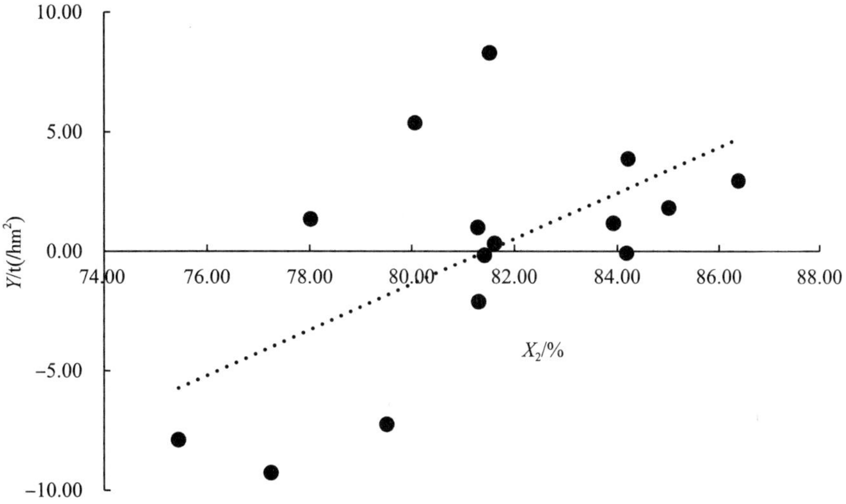

图 2-6　南宁市甘蔗当年实际气象单产 Y 与 X_2 的关系

图 2-7 说明：南宁市甘蔗当年实际气象单产与当年 7 月 27 日—8 月 31 日每日最低温度的平均值(X_3)呈极显著正相关关系；甘蔗当年实际气象单产随着 X_3 的增加而增加；回归方程为 $Y=4.1032\times X_3-92.5631$，$r=0.670^{**}$ ($n=15$，$r_{0.05}=0.514$，$r_{0.01}=0.641$)。

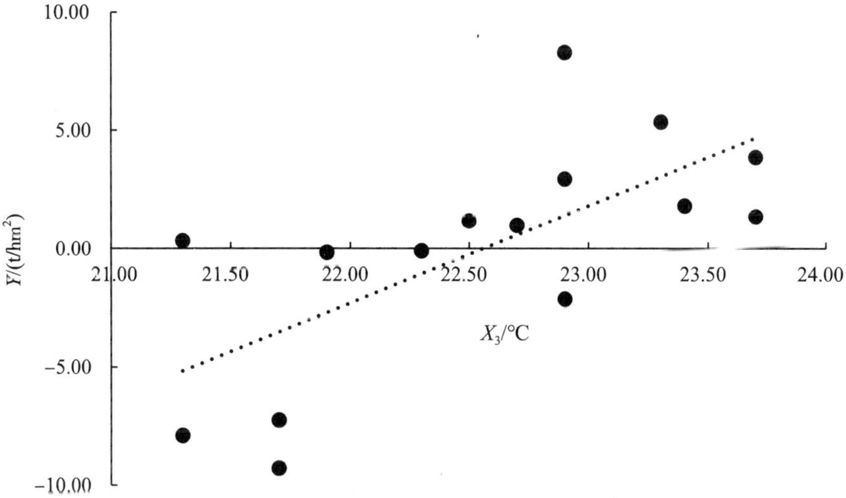

图 2-7　南宁市甘蔗当年实际气象单产 Y 与 X_3 的关系

3. 南宁市甘蔗当年实际气象单产预测模型

基于表 2-5 中的 3 个关键指标建立综合预测模型：对南宁市 15 年已知甘蔗当年实际气象单产(Y)与表 2-5 中的 X_1、X_2、X_3 进行三元回归，得到预测模型 $Y=-92.8872+0.3573\times X_1+0.5712\times X_2+2.0593\times X_3$，$r=0.818^{**}$ ($n=15$，$r_{0.05}=0.553$，$r_{0.01}=0.684$)。

4. 南宁市甘蔗当年实际单产预测模型（模型二）自回归误差分析

表 2-6 表明：南宁市甘蔗当年实际单产预测模型自回归误差 15 年全部在 10%以下，模型自回归预测误差低于 10%的比例为 100.0%，模型二合格。

表 2-6　南宁市甘蔗当年实际单产预测模型自回归结果　t/hm²

年份	Y	$Y'_{(1)}$	$Y'_{(2)}$	$Y'_{(3)}$	$Y'_{(4)}$	预测误差/%
2005	1.17	1.65	67.65	69.30	68.82	0.70
2006	0.33	−1.99	68.62	66.63	68.94	−3.36
2007	5.36	0.94	69.59	70.53	74.94	−5.89
2008	8.29	2.74	70.55	73.30	78.85	−7.04
2009	1.34	3.44	71.52	74.96	72.87	2.88
2010	−9.28	−3.60	72.49	68.89	63.21	8.98
2011	−7.90	−9.24	73.46	64.21	65.55	−2.05
2012	−7.26	−5.61	74.43	68.82	67.17	2.46
2013	−2.13	−1.88	75.39	73.51	73.27	0.33
2014	−0.09	0.35	76.36	76.72	76.27	0.59
2015	−0.17	−1.32	77.33	76.01	77.16	−1.49
2016	0.98	0.23	78.30	78.52	79.28	−0.95
2017	2.94	3.96	79.26	83.23	82.20	1.25
2018	1.81	4.91	80.23	85.14	82.04	3.77
2019	3.86	4.66	81.20	85.86	85.05	0.95

注：Y 为当年实际气象单产，是以当年实际单产 Y 为纵坐标、以具体年为横坐标的回归方程回归值被当年实际单产 Y 减去所获得，其为正值时表示当年气象条件的单产好于多年平均气象条件的单产，其为负值时表示当年气象条件的单产劣于多年平均气象条件的单产，其为零时表示当年气象条件的单产等于多年平均气象条件的单产；$Y'_{(1)}$ 为通过模型二自回归预测的当年实际气象单产；$Y'_{(2)}$ 为当年实际单产与年份之间的回归方程回归值，也称当年平均气象条件单产；$Y'_{(3)}$ 为当年实际气象单产与当年平均气象条件单产之和，也称为当年单产预测值；$Y'_{(4)}$ 为当年实际单产；预测误差＝$(Y'_{(3)}-Y'_{(4)})\div Y'_{(4)}\times 100\%$。

5. 对南宁市甘蔗当年实际单产预测模型（模型二）关键指标的说明

（1）南宁市甘蔗当年实际气象单产与当年 7 月 1 日—8 月 31 日每日平均相对湿度的平均值（X_2，%）呈正相关，此阶段为甘蔗伸长期，相对湿度大有利于甘蔗生长。

（2）南宁市甘蔗当年实际气象单产与当年 7 月 27 日—8 月 31 日每日最低温度的平均值（X_3，℃）呈正相关，此阶段为甘蔗伸长期，温度高有利于甘蔗生长。

第三节　有关南宁市甘蔗当年实际单产预测模型（模型一和模型二）的讨论

模型关键指标比较：①模型一与模型二使用的相同的关键指标为“当年7月1日—8月31日每日平均相对湿度的平均值”，且均为正相关。②不同指标为模型一使用的是“去年实际单产”“当年3月6—31日每日平均相对湿度的平均值”“当年8月1日—10月31日每日最低温度的平均值”，而模型二使用的是“去年实际气象单产”“当年7月27日—8月31日每日最低温度的平均值”，说明模型一影响因素多，且时间长。

模型相关系数比较：模型一为四元回归，模型二为三元回归，模型一相关系数为0.913，高于模型二相关系数0.818。

模型合格率比较：模型一自回归合格率为100%；模型二自回归合格率为100%。

通过以上比较分析，说明两个模型均合格。

第四节　南宁市甘蔗当年实际单产预测模型（模型一和模型二）的验证

表2-7和表2-8为模型一和模型二的验证结果，验证结果为模型一不合格，模型二合格。取两个模型预测结果的平均值，可以降低单一模型预测误差较大的风险，2020年、2021年预测误差分别为−3.35%、−5.17%，预测结果为合格。

表 2-7　南宁市甘蔗当年实际单产预测模型验证（模型一）　t/hm^2

年份	Y	Y'	预测误差/%	年份	Y	Y'	预测误差/%
2020	83.77	76.18	−9.06	2021	84.37	74.82	−11.32

表 2-8　南宁市甘蔗当年实际单产预测模型验证（模型二）　t/hm^2

年份	Y	$Y'_{(1)}$	$Y'_{(2)}$	$Y'_{(3)}$	$Y'_{(4)}$	预测误差/%
2020	1.60	3.58	82.17	85.75	83.77	2.36
2021	1.23	2.06	83.13	85.19	84.37	0.97

第三章　崇左市甘蔗单产预测模型研究

第一节　崇左市甘蔗当年实际单产预测模型(模型一)

1. 影响崇左市甘蔗当年实际单产的关键指标

影响崇左市甘蔗当年实际单产的关键指标见表 3-1,关键指标数据见表 3-2。

表 3-1　影响崇左市甘蔗当年实际单产的关键指标

变量和单位	定义	与当年实际单产的关系
$X_1/(t/hm^2)$	去年实际单产	正相关
X_2/℃	当年 6 月 1—25 日每日最高温度的平均值	正相关
X_3/℃	当年 6 月 1 日—7 月 31 日每日平均温度的平均值	正相关
X_4/mm	当年 10 月 1—26 日每日降水量的平均值	正相关
X_5/%	当年 9 月 26 日—10 月 31 日每日相对湿度的平均值	正相关

表 3-2　影响崇左市甘蔗当年实际单产的关键指标数据

年份	$X_1/(t/hm^2)$	X_2/℃	X_3/℃	X_4/mm	X_5/%	$Y/(t/hm^2)$
2005	73.24	33.71	27.47	0.40	74.91	82.16
2006	82.16	34.57	27.33	0.73	70.73	81.40
2007	81.40	34.53	28.04	0.86	71.43	84.81
2008	84.81	33.88	26.88	1.01	77.41	80.75
2009	80.75	35.07	27.65	1.47	68.89	70.32
2010	70.32	34.92	27.79	1.27	72.23	78.42
2011	78.42	35.09	27.93	5.06	79.75	81.53
2012	81.53	34.08	27.38	1.57	75.08	80.01
2013	80.01	34.10	27.21	1.66	73.40	79.90
2014	79.90	34.88	27.74	1.13	76.72	81.54
2015	81.54	34.69	27.86	2.22	77.75	83.88
2016	83.88	35.64	28.32	3.99	74.41	86.16
2019	86.16	35.40	27.94	3.27	77.94	90.55
2020	90.55	35.29	29.01	5.97	80.09	90.15
2021	90.15	36.63	28.43	7.62	79.29	95.21

注:Y 为甘蔗当年实际单产。

2. 崇左市甘蔗当年实际单产与单一关键指标关系模型

对表 3-2 中影响崇左市甘蔗当年实际单产的 5 个关键指标与崇左市甘蔗当年实际单产关系绘制散点图，结果分别见图 3-1 至图 3-5。

图 3-1 说明：崇左市甘蔗当年实际单产与去年实际单产（X_1）呈显著正相关关系；甘蔗当年实际单产随着 X_1 的增加而增加；回归方程为 $Y=0.702\ 1\times X_1+25.788\ 1$，$r=0.641^{*}$（$n=15$，$r_{0.05}=0.514$，$r_{0.01}=0.641$）。

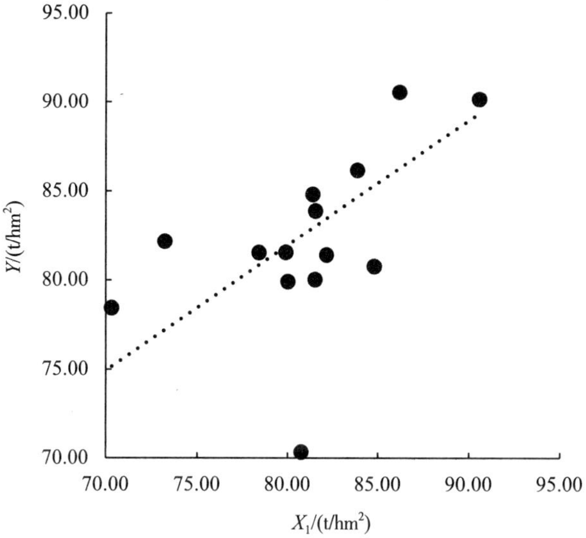

图 3-1　崇左市甘蔗当年实际单产 Y 与 X_1 的关系

图 3-2 说明：崇左市甘蔗当年实际单产与当年 6 月 1—25 日每日最高温度的平均值（X_2）呈极显著正相关关系；甘蔗当年实际单产随着 X_2 的增加而增加；回归方程为 $Y=2.627\ 0\times X_2^2-179.712\ 9\times X_2+3\ 154.362\ 7$，$r=0.666^{**}$（$n=15$，$r_{0.05}=0.514$，$r_{0.01}=0.641$）。

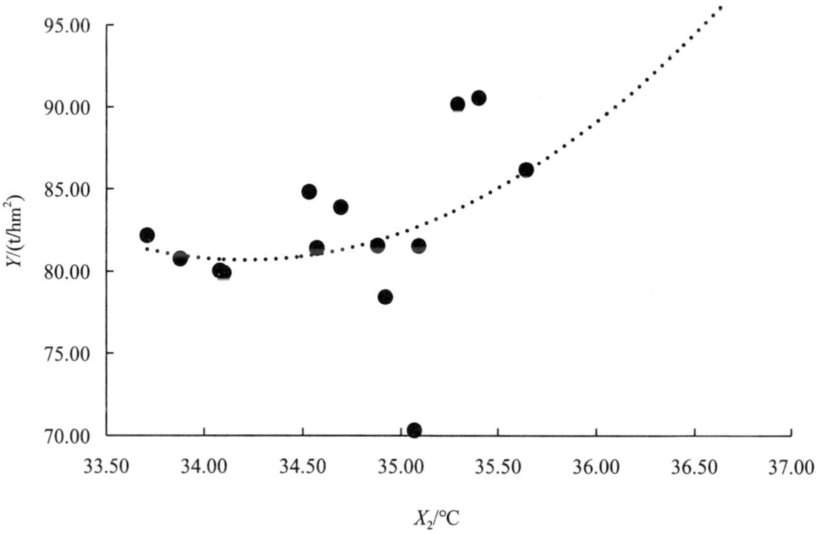

图 3-2　崇左市甘蔗当年实际单产 Y 与 X_2 的关系

图 3-3 说明：崇左市甘蔗当年实际单产与当年 6 月 1 日—7 月 31 日每日平均温度的平均值（X_3）呈极显著正相关关系；甘蔗当年实际单产随着 X_3 的增加而增加；回归方程为 $Y=2.3873\times X_3^2-126.3603\times X_3+1750.3216$，$r=0.649^{**}$（$n=15$，$r_{0.05}=0.514$，$r_{0.01}=0.641$）。

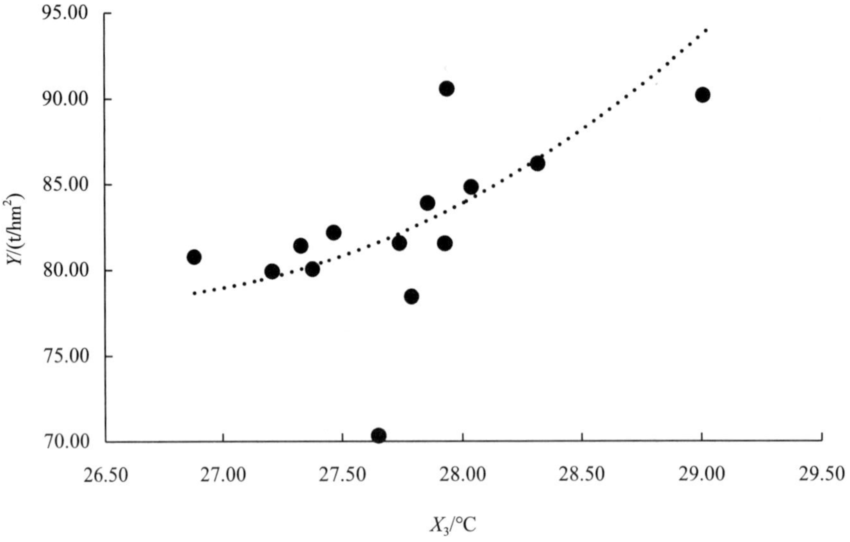

图 3-3　崇左市甘蔗当年实际单产 Y 与 X_3 的关系

图 3-4 说明：崇左市甘蔗当年实际单产与当年 10 月 1—26 日每日降水量的平均值（X_4）呈极显著正相关关系；甘蔗当年实际单产随着 X_4 的增加而增加；回归方程为 $Y=0.2339\times X_4^2+0.1382\times X_4+80.2183$，$r=0.716^{**}$（$n=15$，$r_{0.05}=0.514$，$r_{0.01}=0.641$）。

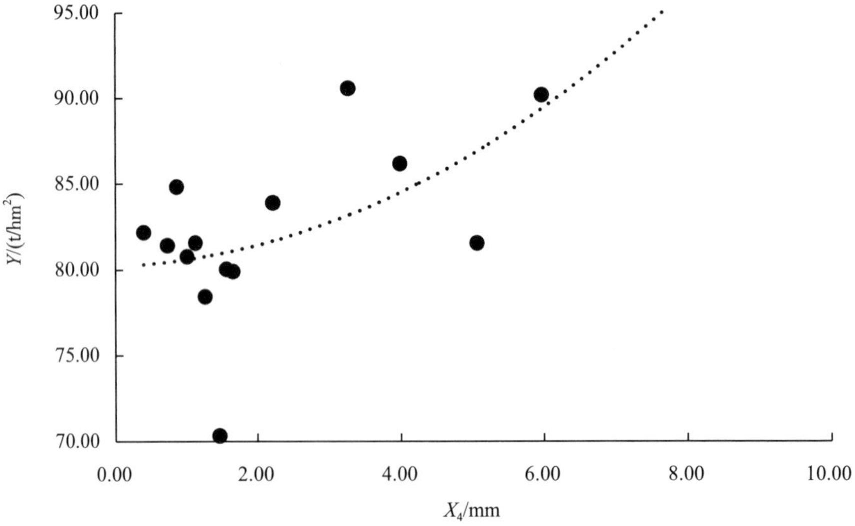

图 3-4　崇左市甘蔗当年实际单产 Y 与 X_4 的关系

图 3-5 说明：崇左市甘蔗当年实际单产与当年 9 月 26 日—10 月 31 日每日相对湿度的平均值（X_5）呈极显著正相关关系；甘蔗当年实际单产随着 X_5 的增加而增加；回归方程为 $Y=-0.0313\times X_5^2+5.8214\times X_5-177.2844$，$r=0.671^{**}$（$n=15$，$r_{0.05}=0.514$，$r_{0.01}=0.641$）。

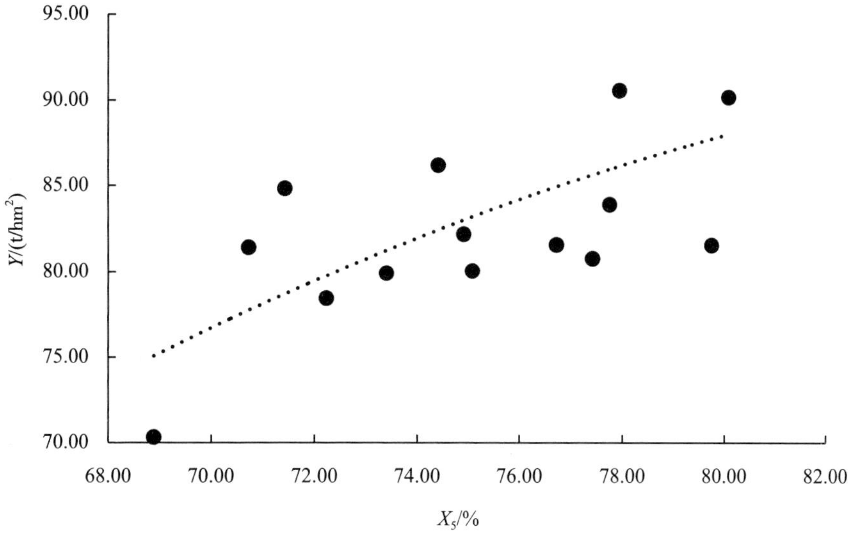

Y/(t/hm²)

图 3-5　崇左市甘蔗当年实际单产 Y 与 X_5 的关系

3. 崇左市甘蔗当年实际单产预测模型(模型一)

基于表 3-2 中的 5 个关键指标建立综合预测模型:对崇左市 15 年已知甘蔗当年实际单产(Y)与表 3-2 中的 X_1、X_2、X_3、X_4、X_5 进行五元回归,得到预测模型:$Y=-164.1910+0.3406\times X_1+1.8665\times X_2+3.3264\times X_3-0.7023\times X_4+0.8469\times X_5$,$r=0.824^{**}$ ($n=15$,$r_{0.05}=0.576$,$r_{0.01}=0.708$)。X_4 和 X_5 在 10 月 1—26 日的时间段是重叠的,降水量与相对湿度存在高度相关性,因此原来单相关为正或负的情况在多元回归中会发生变化;有时非同一时段的变量之间也存在高度的相关性,如前一段降水量多,后一段相对湿度高和温度相对低;下同。

4. 崇左市甘蔗当年实际单产预测模型(模型一)自回归误差分析

表 3-3 表明:崇左市甘蔗当年实际单产预测模型自回归误差有 14 年在 10%以下,有 1 年在 10%以上,模型自回归预测误差低于 10%的比例为 93.3%,模型一合格。

表 3-3　崇左市甘蔗当年实际单产预测模型自回归结果　　t/hm²

年份	Y	Y'	预测误差/%	年份	Y	Y'	预测误差/%
2005	82.16	78.21	4.81	2013	79.90	78.22	−2.10
2006	81.40	78.62	−3.42	2014	81.54	84.59	3.74
2007	84.81	81.15	−4.32	2015	83.88	85.30	1.69
2008	80.75	82.20	1.80	2016	86.16	85.33	−0.96
2009	70.32	78.06	11.01	2019	90.55	87.89	−2.94
2010	78.42	77.66	−0.97	2020	90.15	92.66	2.78
2011	81.53	84.91	4.15	2021	95.21	91.26	−4.15
2012	80.01	80.75	0.92				

注:Y 为甘蔗当年实际单产;Y' 为通过模型一自回归预测的甘蔗当年实际单产;预测误差$=(Y'-Y)\div Y\times 100\%$。

5. 对崇左市甘蔗当年实际单产预测模型(模型一)关键指标的说明

(1)崇左市甘蔗当年实际单产与当年 6 月 1—25 日每日最高温度的平均值(X_2,℃)呈正相关,此阶段为甘蔗幼苗期,温度高有利于甘蔗幼苗生长。

(2)崇左市甘蔗当年实际单产与当年 6 月 1 日—7 月 31 日每日平均温度的平均值(X_3,℃)呈正相关,此阶段为甘蔗分蘖期,温度高有利于甘蔗有效分蘖。

(3)崇左市甘蔗当年实际单产与当年 10 月 1—26 日每日降水量的平均值(X_4,mm)呈正相关,此阶段为甘蔗伸长期和成熟期,降水量多甘蔗生长旺盛。

(4)崇左市甘蔗当年实际单产与当年 9 月 26 日—10 月 31 日每日相对湿度的平均值(X_5,%)呈正相关,此阶段为甘蔗伸长期和成熟期,湿度大甘蔗生长旺盛。

第二节　崇左市甘蔗当年实际单产预测模型(模型二)

1. 影响崇左市甘蔗当年实际气象单产的关键指标

影响崇左市甘蔗当年实际气象单产的关键指标见表 3-4,关键指标数据见表 3-5。

表 3-4　影响崇左市甘蔗当年实际气象单产的关键指标

变量和单位	定义	与当年实际气象单产的关系
X_1/h	当年 5 月 1—26 日的每日日照时数的平均值	正相关
X_2/%	当年 8 月 1—31 日每日相对湿度的平均值	正相关

表 3-5　影响崇左市甘蔗当年实际气象单产的关键指标数据

年份	X_1/h	X_2/%	Y/(t/hm²)	年份	X_1/h	X_2/%	Y/(t/hm²)
2005	5.53	84.10	5.00	2013	4.38	83.47	−3.09
2006	5.28	83.78	3.52	2014	4.97	84.05	−2.17
2007	5.12	80.63	6.20	2015	4.14	81.66	−0.56
2008	5.10	82.68	1.41	2016	4.66	82.66	0.99
2009	4.09	76.92	−9.75	2019	4.02	83.79	3.19
2010	4.32	82.12	−2.38	2020	5.20	84.14	2.07
2011	4.69	79.19	0.00	2021	4.77	81.89	6.40
2012	4.48	80.67	−2.24				

注:Y 为甘蔗当年实际气象单产。

2. 崇左市甘蔗当年实际气象单产与单一关键指标关系模型

对表 3-5 中影响崇左市甘蔗当年实际气象单产的 2 个关键指标与崇左市甘蔗当年实际气象单产关系绘制散点图,结果分别见图 3-6 和图 3-7。

图 3-6 说明：崇左市甘蔗当年实际气象单产与当年 5 月 1—26 日的每日日照时数的平均值(X_1)呈显著正相关关系；甘蔗当年实际气象单产随着 X_1 的增加而增加；回归方程为 $Y=0.912\ 4\times X_1^2-3.344\ 2\times X_1-4.142\ 4$，$r=0.593^*$（$n=15$，$r_{0.05}=0.514$，$r_{0.01}=0.641$）。

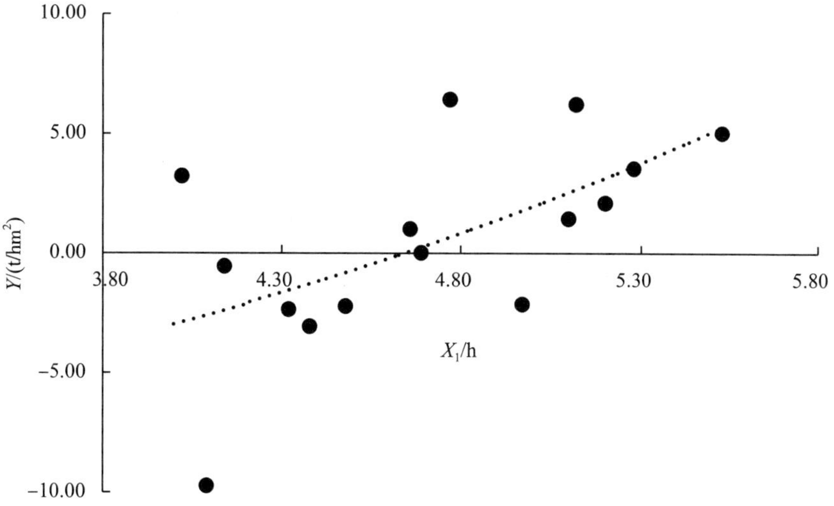

图 3-6　崇左市甘蔗当年实际气象单产 Y 与 X_1 的关系

图 3-7 说明：崇左市甘蔗当年实际气象单产与当年 8 月 1—31 日每日相对湿度的平均值(X_2)呈极显著正相关关系；甘蔗当年实际气象单产随着 X_2 的增加而增加；回归方程为 $Y=-0.348\ 4\times X_2^2+57.453\ 0\times X_2-2\ 366.713\ 9$，$r=0.644^{**}$（$n=15$，$r_{0.05}=0.514$，$r_{0.01}=0.641$）。

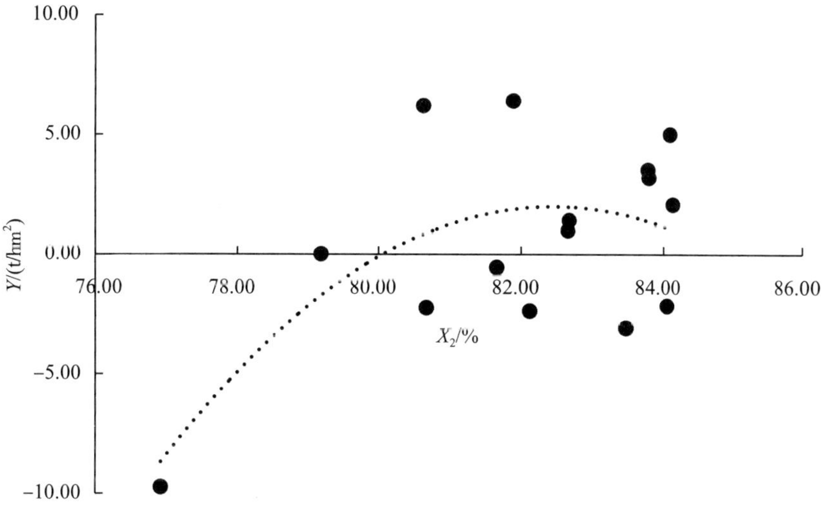

图 3-7　崇左市甘蔗当年实际气象单产 Y 与 X_2 的关系

3. 崇左市甘蔗当年实际气象单产预测模型

基于表 3-5 中的 2 个关键气象因子建立综合预测模型：对崇左市 15 年已知甘蔗当年实际气象单产(Y)与表 3-5 中的 X_1、X_2 进行二元回归，得到预测模型：$Y=-70.191\ 7+4.104\ 2\times X_1+0.626\ 0\times X_2$，$r=0.653^*$（$n=15$，$r_{0.05}=0.532$，$r_{0.01}=0.661$）。

4. 崇左市甘蔗当年实际单产预测模型(模型二)自回归误差分析

表 3-6 表明:崇左市甘蔗当年实际单产预测模型自回归误差 15 年全部在 10%以下,模型自回归预测误差低于 10%的比例为 100%,模型二合格。

表 3-6 崇左市甘蔗当年实际单产预测模型自回归结果 t/hm²

年份	Y	$Y'_{(1)}$	$Y'_{(2)}$	$Y'_{(3)}$	$Y'_{(4)}$	预测误差/%
2005	5.00	5.15	77.16	82.31	82.16	0.18
2006	3.52	3.93	77.89	81.81	81.40	0.50
2007	6.20	1.30	78.61	79.91	84.81	−5.78
2008	1.41	2.50	79.34	81.84	80.75	1.35
2009	−9.75	−5.25	80.07	74.82	70.32	6.40
2010	−2.38	−1.05	80.80	79.75	78.42	1.70
2011	0.00	−1.37	81.53	80.16	81.53	−1.68
2012	−2.24	−1.30	82.26	80.95	80.01	1.17
2013	−3.09	0.04	82.98	83.02	79.90	3.90
2014	−2.17	2.82	83.71	86.54	81.54	6.13
2015	−0.56	−2.08	84.44	82.36	83.88	−1.81
2016	0.99	0.68	85.17	85.85	86.16	−0.36
2019	3.19	−1.24	87.36	86.12	90.55	−4.89
2020	2.07	3.82	88.08	91.91	90.15	1.95
2021	6.40	0.65	88.81	89.46	95.21	−6.04

注:Y 为当年实际气象单产,是以当年实际单产 Y 为纵坐标、以具体年为横坐标的回归方程回归值被当年实际单产 Y 减去所获得,其为正值时表示当年气象条件的单产好于多年平均气象条件的单产,其为负值时表示当年气象条件的单产劣于多年平均气象条件的单产,其为零时表示当年气象条件的单产等于多年平均气象条件的单产;$Y'_{(1)}$ 为通过模型二自回归预测的当年实际气象单产;$Y'_{(2)}$ 为当年实际单产与年份之间的回归方程回归值,也称当年平均气象条件单产;$Y'_{(3)}$ 为当年实际气象单产与当年平均气象条件单产之和,也称为当年单产预测值;$Y'_{(4)}$ 为当年实际单产;预测误差=$(Y'_{(3)}-Y'_{(4)})\div Y'_{(4)}\times 100\%$。

5. 对崇左市甘蔗当年实际单产预测模型(模型二)关键指标的说明

(1)崇左市当年实际气象单产与当年 5 月 1—26 日的每日日照时数的平均值(X_1,h)呈正相关,此阶段为甘蔗分蘖期,日照时数多有利于甘蔗有效分蘖。

(2)崇左市当年实际气象单产与当年 8 月 1—31 日每日相对湿度的平均值(X_2,%)呈正相关,此阶段为甘蔗伸长期,湿度大有利于甘蔗生长。

第三节　有关崇左市甘蔗当年实际单产预测模型（模型一和模型二）的讨论

模型关键指标比较：①模型一与模型二没有相同的关键指标。②模型一的关键指标与单产均呈正相关，模型二的关键指标与单产均呈正相关。

模型相关系数比较：模型一为五元回归，模型二为二元回归，其相关系数分别是 0.824 和 0.653，模型一高于模型二的相关系数。

模型误差比较：模型一合格率为 93.3%；模型二合格率为 100%。

通过以上比较分析，说明两个模型均合格。

第四节　崇左市甘蔗当年实际单产预测模型（模型一和模型二）的验证

表 3-7 和表 3-8 为模型一和模型二的验证结果，验证结果为模型一合格，模型二合格。取两个模型预测结果的平均值，可以降低单一模型预测误差较大的风险，2017 年、2018 年预测误差分别为 1.19%、0.55%，预测结果为合格。

表 3-7　崇左市甘蔗当年实际单产预测模型验证（模型一）　　t/hm^2

年份	Y	Y'	预测误差/%	年份	Y	Y'	预测误差/%
2017	88.24	90.79	2.89	2018	87.35	85.62	−1.98

表 3-8　崇左市甘蔗当年实际单产预测模型验证（模型二）　　t/hm^2

年份	Y	$Y'_{(1)}$	$Y'_{(2)}$	$Y'_{(3)}$	$Y'_{(4)}$	预测误差/%
2017	2.34	1.89	85.90	87.79	88.24	−0.51
2018	0.72	3.40	86.63	90.03	87.35	3.07

第四章　来宾市甘蔗单产预测模型研究

第一节　来宾市甘蔗当年实际单产预测模型(模型一)

1. 影响来宾市甘蔗当年实际单产的关键指标

影响来宾市甘蔗当年实际单产的关键指标见表 4-1,关键指标数据见表 4-2。

表 4-1　影响来宾市甘蔗当年实际单产的关键指标

变量和单位	定义	与当年实际单产的关系
$X_1/(t/hm^2)$	去年实际单产	正相关
$X_2/\%$	当年 3 月 6—31 日每日平均相对湿度的平均值	正相关
$X_3/℃$	当年 3 月 1—31 日每日最低温度的平均值	正相关
$X_4/\%$	当年 5 月 1—31 日每日平均相对湿度的平均值	正相关
$X_5/℃$	当年 7 月 1 日—9 月 5 日每日平均温度的平均值	负相关
X_6/h	当年 8 月 1—31 日每日日照时数的平均值	负相关
$X_7/\%$	当年 7 月 1 日—10 月 31 日每日平均相对湿度的平均值	正相关

表 4-2　影响来宾市甘蔗当年实际单产的关键指标数据

年份	$X_1/(t/hm^2)$	$X_2/\%$	$X_3/℃$	$X_4/\%$	$X_5/℃$	X_6/h	$X_7/\%$	$Y/(t/hm^2)$
2005	70.40	73.96	4.20	72.10	29.08	6.19	67.73	60.45
2006	60.45	80.12	4.40	69.71	28.60	5.72	70.18	63.94
2007	63.94	85.85	6.60	76.65	29.29	6.62	73.03	73.69
2008	73.69	80.38	5.30	78.71	28.42	5.31	77.15	74.47
2009	74.47	79.50	4.50	79.32	29.29	7.70	73.57	65.83
2010	65.83	73.04	4.70	80.84	29.40	7.86	74.28	62.85
2011	62.85	79.15	6.40	71.84	29.47	7.86	69.86	62.20
2012	62.20	75.23	8.50	75.26	29.09	7.00	70.24	68.06
2013	68.06	74.19	8.70	78.39	29.01	5.74	70.14	73.00
2014	73.00	83.81	9.20	76.03	29.04	5.33	71.33	74.61
2015	74.61	84.69	8.20	78.10	28.79	5.38	75.85	80.21
2016	80.21	83.04	7.40	81.90	28.76	5.85	77.90	81.58
2017	81.58	88.58	9.60	81.81	27.86	5.84	80.93	89.57
2018	89.57	79.31	6.10	80.06	28.05	5.43	82.30	91.61
2019	91.61	86.50	10.20	82.94	28.77	6.42	77.01	91.29

注:Y 为甘蔗当年实际单产。

2. 来宾市甘蔗当年实际单产与单一关键指标关系模型

对表 4-2 中影响来宾市甘蔗当年实际单产的 7 个关键指标与来宾市甘蔗当年实际单产关系绘制散点图，结果见图 4-1 至图 4-7。

图 4-1 说明：来宾市甘蔗当年实际单产与去年实际单产（X_1）呈极显著正相关关系；甘蔗当年实际单产随 X_1 的增加而增加；回归方程为 $Y=0.9542\times X_1+4.7254$，$r=0.858^{**}$（$n=15$，$r_{0.05}=0.514$，$r_{0.01}=0.641$）。

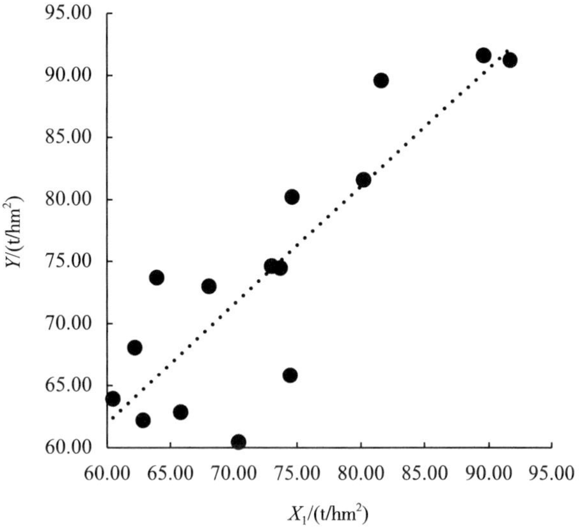

图 4-1　来宾市甘蔗当年实际单产 Y 与 X_1 的关系

图 4-2 说明：来宾市甘蔗当年实际单产与当年 3 月 6—31 日每日平均相对湿度的平均值（X_2）呈极显著正相关关系；甘蔗当年实际单产随 X_2 的增加而增加；回归方程为 $Y=1.4660\times X_2-43.7763$，$r=0.671^{**}$（$n=15$，$r_{0.05}=0.514$，$r_{0.01}=0.641$）。

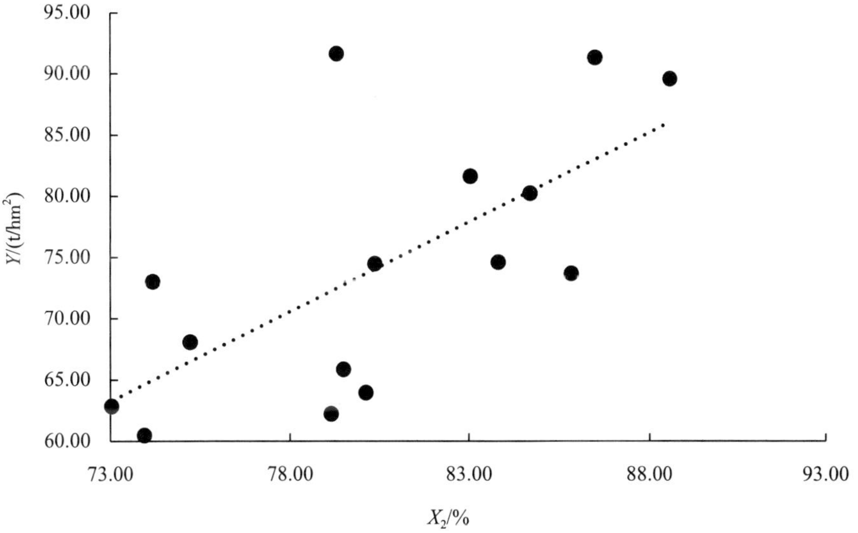

图 4-2　来宾市甘蔗当年实际单产 Y 与 X_2 的关系

图 4-3 说明：来宾市甘蔗当年实际单产与当年 3 月 1—31 日每日最低温度的平均值（X_3）呈极显著正相关关系；甘蔗当年实际单产随 X_3 的增加而增加；回归方程为 $Y=3.3633\times X_3+50.9055$，$r=0.645^{**}$（$n=15$，$r_{0.05}=0.514$，$r_{0.01}=0.641$）。

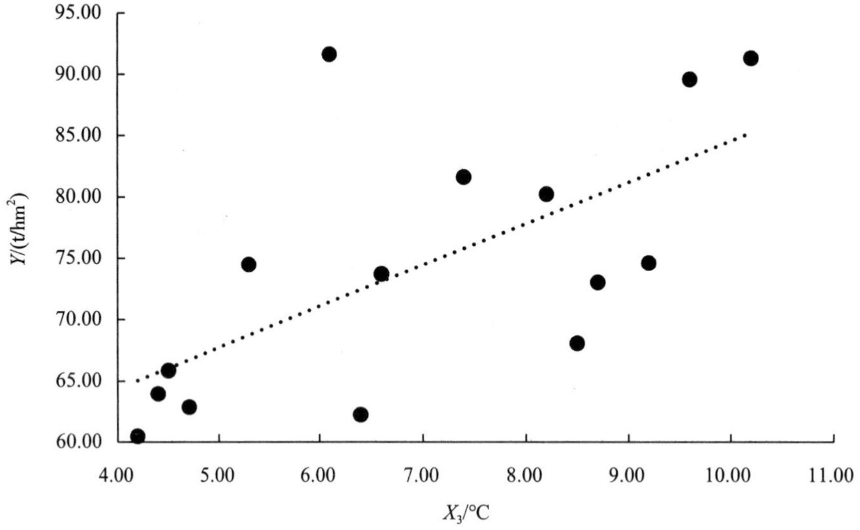

图 4-3　来宾市甘蔗当年实际单产 Y 与 X_3 的关系

图 4-4 说明：来宾市甘蔗当年实际单产与当年 5 月 1—31 日每日平均相对湿度的平均值（X_4）呈极显著正相关关系；甘蔗当年实际单产随 X_4 的增加而增加；回归方程为 $Y=1.9089\times X_4-73.8643$，$r=0.709^{**}$（$n=15$，$r_{0.05}=0.514$，$r_{0.01}=0.641$）。

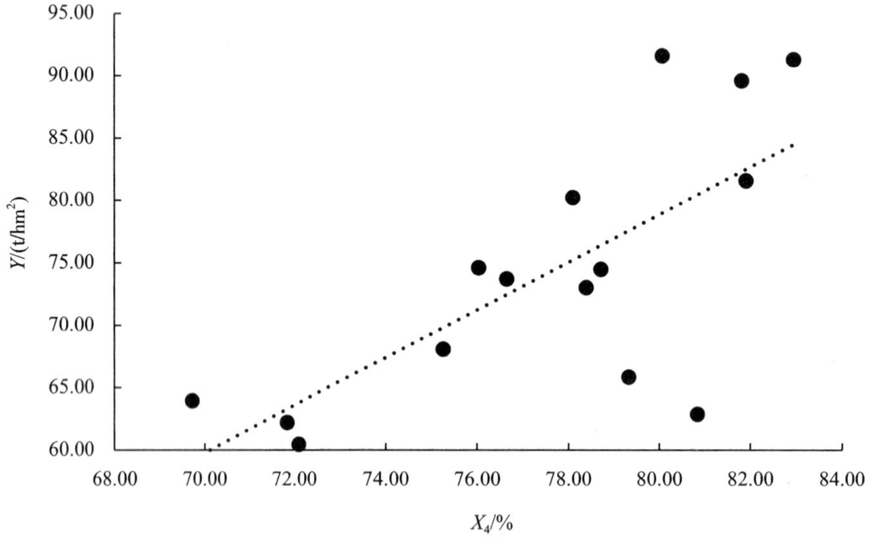

图 4-4　来宾市甘蔗当年实际单产 Y 与 X_4 的关系

图 4-5 说明：来宾市甘蔗当年实际单产与当年 7 月 1 日—9 月 5 日每日平均温度的平均值（X_5）呈极显著负相关关系；甘蔗当年实际单产随 X_5 的增加而降低；回归方程为 $Y=-2.1220\times X_5^2+105.3299\times X_5-1197.7008$，$r=-0.728^{**}$（$n=15$，$r_{0.05}=0.514$，$r_{0.01}=0.641$）。

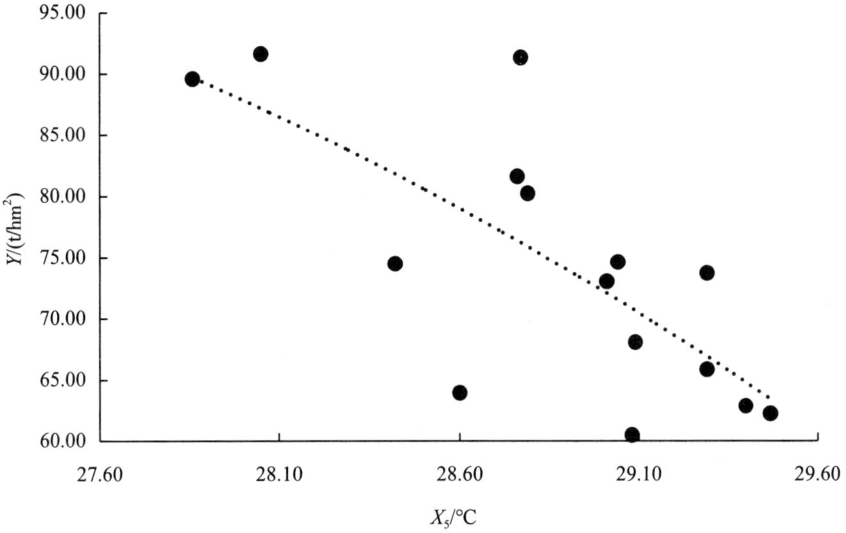

图 4-5　来宾市甘蔗当年实际单产 Y 与 X_5 的关系

图 4-6 说明：来宾市甘蔗当年实际单产与当年 8 月 1—31 日每日日照时数的平均值（X_6）呈显著负相关关系；甘蔗当年实际单产随 X_6 的增加而降低；回归方程为 $Y=-2.3897\times X_6^2+25.3504\times X_6+11.1978$，$r=-0.552^{*}$（$n=15$，$r_{0.05}=0.514$，$r_{0.01}=0.641$）。

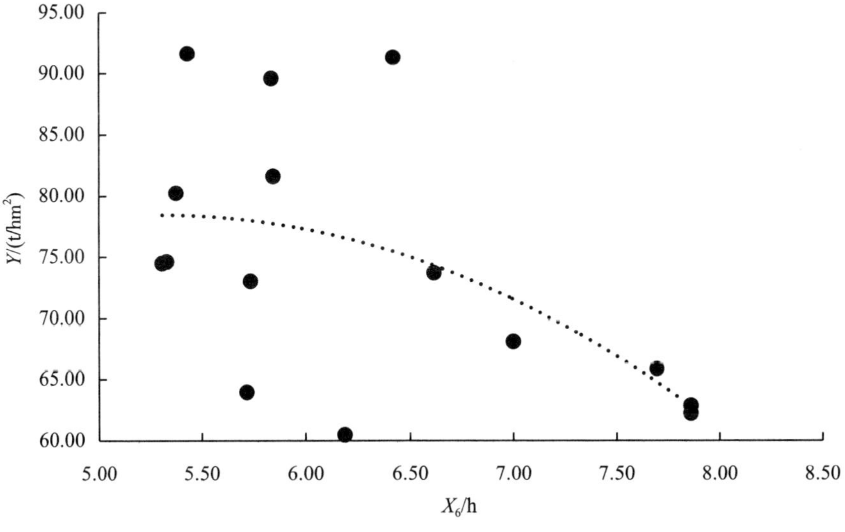

图 4-6　来宾市甘蔗当年实际单产 Y 与 X_6 的关系

图 4-7 说明：来宾市甘蔗当年实际单产与当年 7 月 1 日—10 月 31 日每日平均相对湿度的平均值（X_7）呈极显著正相关关系；甘蔗当年实际单产随 X_7 的增加而增加；回归方程为 $Y=2.0768\times X_7-79.6678$，$r=0.842^{**}$（$n=15$，$r_{0.05}=0.514$，$r_{0.01}=0.641$）。

3. 来宾市甘蔗当年实际单产预测模型（模型一）

基于表 4-2 中的 7 个关键指标建立综合预测模型：对来宾市 15 年已知甘蔗当年实际单产（Y）与表 4-2 中的 X_1、X_2、X_3、X_4、X_5、X_6、X_7 进行七元回归，得到预测模型：$Y=-70.4959+$

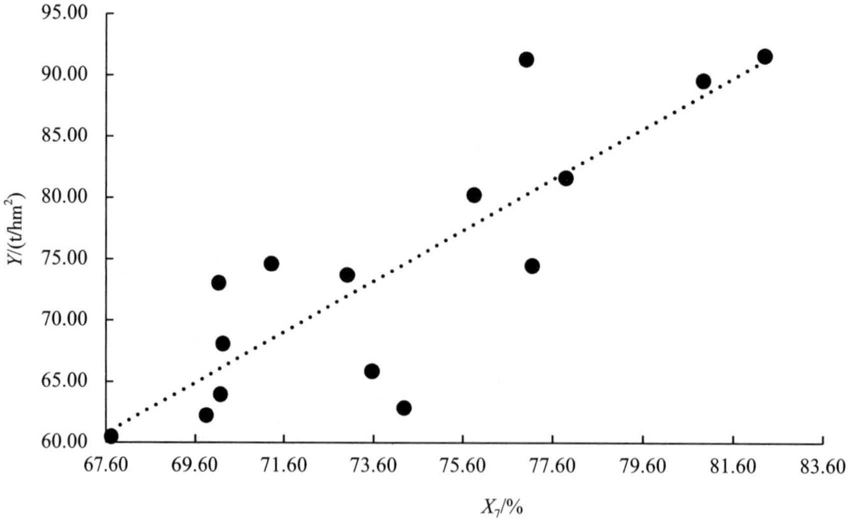

图 4-7　来宾市甘蔗当年实际单产 Y 与 X_7 的关系

$0.3495\times X_1+0.0611\times X_2+2.0176\times X_3-0.3495\times X_4+1.1738\times X_5-1.7062\times X_6+1.4181\times X_7$，$r=0.739^*$（$n=15$，$r_{0.05}=0.666$，$r_{0.01}=0.798$）。

4. 来宾市甘蔗当年实际单产预测模型(模型一)自回归误差分析

表 4-3 表明：来宾市甘蔗当年实际单产预测模型自回归误差 15 年全部在 10%以下，模型自回归预测误差低于 10%的比例为 100%，模型一合格。

表 4-3　来宾市甘蔗当年实际单产预测模型自回归结果　　t/hm²

年份	Y	Y′	预测误差/%	年份	Y	Y′	预测误差/%
2005	60.45	60.81	0.60	2013	73.00	70.94	2.82
2006	63.94	62.69	−1.95	2014	74.61	77.52	3.90
2007	73.69	69.52	−5.66	2015	80.21	81.42	1.51
2008	74.47	76.28	2.43	2016	81.58	82.36	0.96
2009	65.83	66.54	1.08	2017	89.57	90.91	1.50
2010	62.85	63.84	1.58	2018	91.61	89.55	−2.25
2011	62.20	63.64	2.32	2019	91.29	89.60	−1.85
2012	68.06	67.75	−0.46				

注：Y 为甘蔗当年实际单产；Y' 为通过模型一自回归预测的甘蔗当年实际单产；预测误差$=(Y'-Y)\div Y\times100\%$。

5. 对来宾市甘蔗当年实际单产预测模型(模型一)关键指标的说明

(1)来宾市甘蔗当年实际单产与当年 3 月 6—31 日每日平均相对湿度的平均值(X_2,%)呈正相关，此阶段为甘蔗萌芽期，相对湿度高有利于甘蔗萌芽。

(2)来宾市甘蔗当年实际单产与当年 3 月 1—31 日每日最低温度的平均值(X_3,℃)呈正相关,此阶段为甘蔗萌芽期,温度高有利于甘蔗幼苗生长。

(3)来宾市甘蔗当年实际单产与当年5月1—31日每日平均相对湿度的平均值(X_4,%)呈正相关,此阶段为甘蔗幼苗期,相对湿度高有利于甘蔗幼苗生长。

(4)来宾市甘蔗当年实际单产与当年7月1日—9月5日每日平均温度的平均值(X_5,℃)呈负相关,此阶段为甘蔗伸长期,温度过高不利于甘蔗健壮生长。

(5)来宾市甘蔗当年实际单产与当年8月1—31日每日日照时数的平均值(X_6,h)呈负相关,此阶段为甘蔗伸长期,日照时数过多不利于甘蔗健壮生长。

(6)来宾市甘蔗当年实际单产与当年7月1日—10月31日每日平均相对湿度的平均值(X_7,%)呈正相关,此阶段为甘蔗伸长期和成熟期,相对湿度高甘蔗生长旺盛和有利于成熟。

第二节 来宾市甘蔗当年实际单产预测模型(模型二)

1. 影响来宾市甘蔗当年实际气象单产的关键指标

影响来宾市甘蔗当年实际气象单产的关键指标见表4-4,关键指标数据见表4-5。

表4-4 影响来宾市甘蔗当年实际气象单产的关键指标

变量和单位	定义	与当年实际气象单产的关系
$X_1/(t/hm^2)$	去年实际气象单产	正相关
X_2/h	当年6月6—30日每日日照时数的平均值	正相关
$X_3/℃$	当年7月6日—7月31日每日最低温度的平均值	负相关
$X_4/\%$	当年7月1日—9月5日每日平均相对湿度的平均值	正相关
$X_5/℃$	当年7月1日—9月5日每日平均温度的平均值	负相关
X_6/h	当年8月1—31日每日日照时数的平均值	负相关

表4-5 影响来宾市甘蔗当年实际气象单产的关键指标数据

年份	$X_1/(t/hm^2)$	X_2/h	$X_3/℃$	$X_4/\%$	$X_5/℃$	X_6/h	$Y/(t/hm^2)$
2005	9.56	1.96	23.90	71.18	28.98	6.19	−2.14
2006	−2.14	5.07	23.20	74.19	28.67	5.72	−0.41
2007	−0.41	6.26	24.10	76.27	29.04	6.62	7.59
2008	7.59	3.20	23.60	79.67	28.38	5.31	6.62
2009	6.62	4.03	22.70	76.60	29.47	7.70	−3.78
2010	−3.78	1.68	24.50	75.64	29.45	7.86	−8.51
2011	−8.51	4.26	24.70	70.01	29.57	7.86	−10.91
2012	−10.91	3.70	24.40	73.51	29.10	7.00	−6.80
2013	−6.80	4.92	24.10	73.51	28.73	5.74	−3.61

续表 4-5

年份	X_1/(t/hm²)	X_2/h	X_3/℃	X_4/%	X_5/℃	X_6/h	Y/(t/hm²)
2014	−3.61	3.42	24.30	75.19	28.97	5.33	−3.76
2015	−3.76	4.21	22.30	76.30	28.38	5.38	0.09
2016	0.09	5.39	23.80	80.60	28.56	5.85	−0.29
2017	−0.29	4.09	22.60	84.15	28.02	5.84	5.95
2018	5.95	6.17	23.40	84.27	27.99	5.43	6.23
2019	6.23	3.62	22.50	79.99	28.67	6.42	4.16

注:Y 为甘蔗当年实际气象单产。

2. 来宾市甘蔗当年实际气象单产与单一关键指标关系模型

对表 4-5 中影响来宾市甘蔗当年实际气象单产的 6 个关键指标与来宾市甘蔗当年实际气象单产关系绘制散点图,结果分别见图 4-8 至图 4-13。

图 4-8 说明:来宾市甘蔗当年实际气象单产与去年实际气象单产(X_1)呈显著正相关关系;甘蔗当年实际气象单产随着 X_1 的增加而增加;回归方程为 $Y=0.5423\times X_1-0.4865$,$r=0.586^*$ ($n=15$,$r_{0.05}=0.514$,$r_{0.01}=0.641$)。

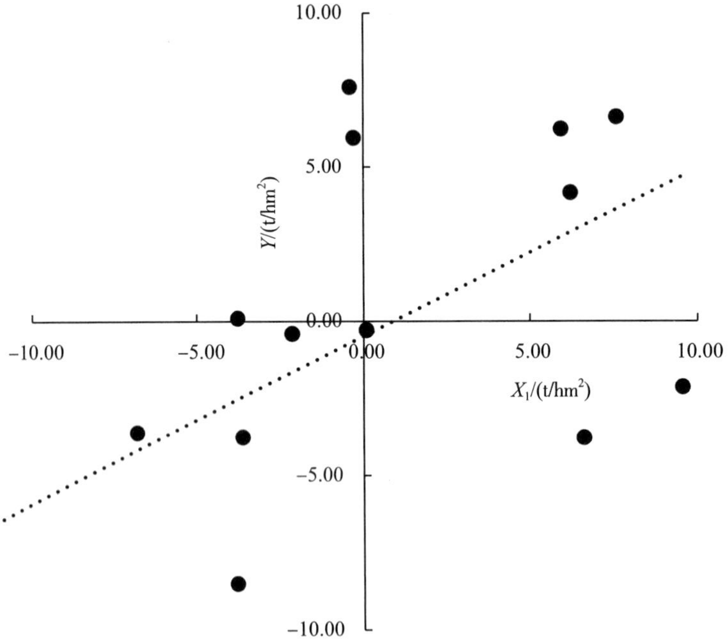

图 4-8 来宾市甘蔗当年实际气象单产 Y 与 X_1 的关系

图 4-9 说明:来宾市甘蔗当年实际气象单产与当年 6 月 6—30 日每日日照时数的平均值(X_2)呈显著正相关关系;甘蔗当年实际气象单产随 X_2 的增加而增加;回归方程为 $Y=1.9227\times X_2-8.5814$,$r=0.528^*$ ($n=15$,$r_{0.05}=0.514$,$r_{0.01}=0.641$)。

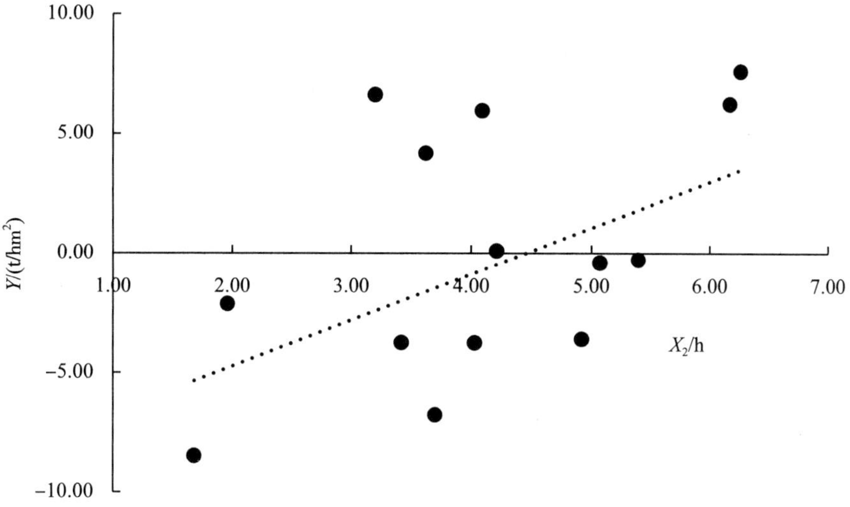

图 4-9　来宾市甘蔗当年实际气象单产 Y 与 X_2 的关系

图 4-10 说明：来宾市甘蔗当年实际气象单产与当年 7 月 6—31 日每日最低温度的平均值(X_3)呈显著负相关关系；甘蔗当年实际气象单产随 X_3 的增加而降低；回归方程为 $Y=-3.992\ 4\times X_3+93.610\ 0$，$r=-0.606^{*}$($n=15$，$r_{0.05}=0.514$，$r_{0.01}=0.641$)。

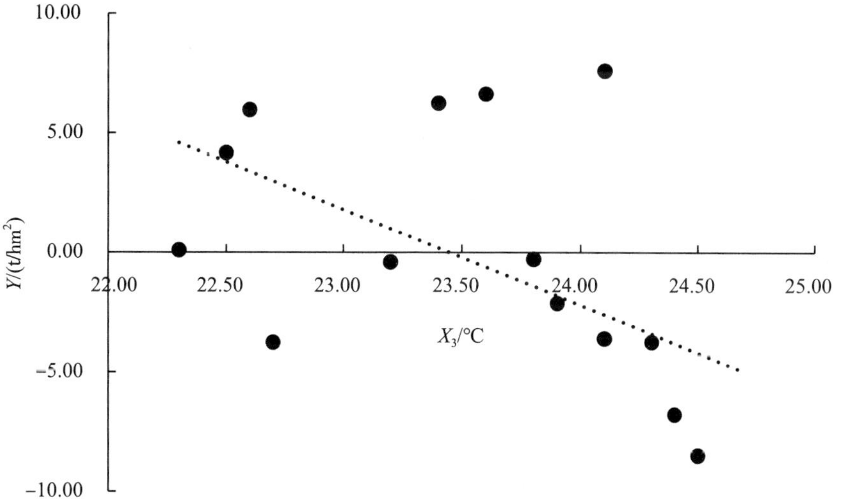

图 4-10　来宾市甘蔗当年实际气象单产 Y 与 X_3 的关系

图 4-11 说明：来宾市甘蔗当年实际气象单产与当年 7 月 1 日—9 月 5 日每日平均相对湿度的平均值(X_4)呈极显著正相关关系；甘蔗当年实际气象单产随着 X_4 的增加而增加；回归方程为 $Y=1.006\ 1\times X_4-77.842\ 6$，$r=0.757^{**}$($n=15$，$r_{0.05}=0.514$，$r_{0.01}=0.641$)。

图 4-12 说明：来宾市甘蔗当年实际气象单产与当年 7 月 1 日—9 月 5 日每日平均温度的平均值(X_5)呈极显著负相关关系；甘蔗当年实际气象单产随着 X_5 的增加而降低；回归方程为 $Y=-8.969\ 4\times X_5+257.670\ 3$，$r=-0.792^{**}$($n=15$，$r_{0.05}=0.514$，$r_{0.01}=0.641$)。

图 4-13 说明：来宾市甘蔗当年实际气象单产与当年 8 月 1—31 日每日日照时数的平均值(X_6)呈显著负相关关系；甘蔗当年实际气象单产随 X_6 的增加而降低；回归方程为 $Y=-3.831\ 7\times X_6+23.432\ 4$，$r=-0.553^{*}$($n=15$，$r_{0.05}=0.514$，$r_{0.01}=0.641$)。

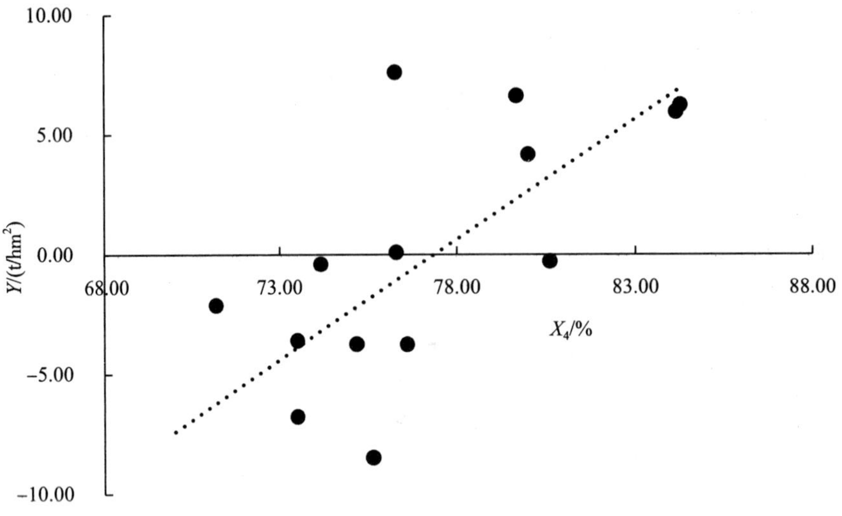

图 4-11　来宾市甘蔗当年实际气象单产 Y 与 X_4 的关系

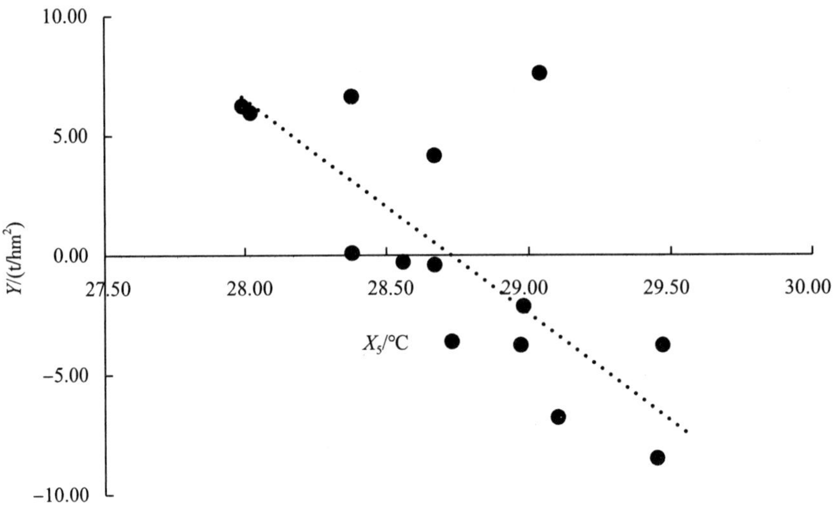

图 4-12　来宾市甘蔗当年实际气象单产 Y 与 X_5 的关系

3. 来宾市甘蔗当年实际气象单产预测模型

基于表 4-5 中的 6 个关键气象因子建立综合预测模型：对来宾市 15 年已知甘蔗当年实际气象单产(Y)与表 4-5 中的 X_1、X_2、X_3、X_4、X_5、X_6 进行六元回归，得到预测模型：$Y=71.073\,9+0.381\,0\times X_1+1.214\,3\times X_2-0.048\,1\times X_3+0.282\,8\times X_4-3.209\,4\times X_5-0.758\,2\times X_6$，$r=0.895^{**}$ ($n=15$，$r_{0.05}=0.632$，$r_{0.01}=0.765$)。

4. 来宾市甘蔗当年实际单产预测模型(模型二)自回归误差分析

表 4-6 表明：来宾市甘蔗当年实际单产预测模型自回归误差 15 年全部在 10%以下，模型自回归预测误差低于 10%的比例为 100%，说明模型二合格。

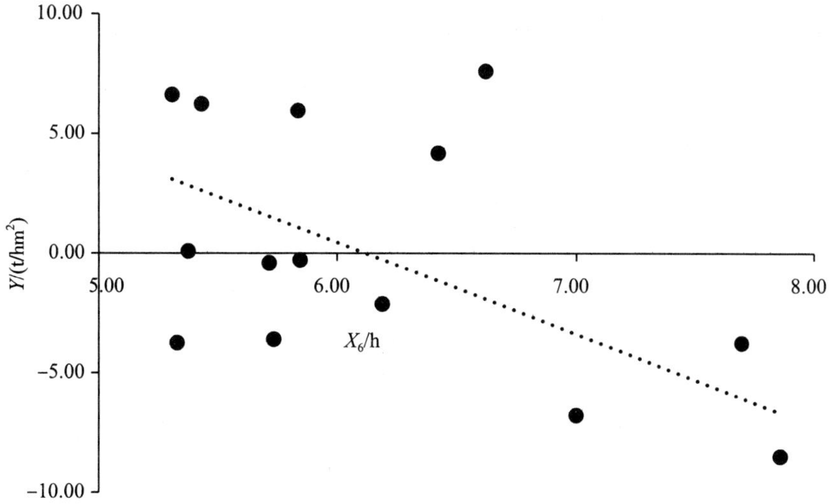

图 4-13 来宾市甘蔗当年实际气象单产 Y 与 X_6 的关系

表 4-6 来宾市甘蔗当年实际单产预测模型自回归结果 t/hm²

年份	Y	$Y'_{(1)}$	$Y'_{(2)}$	$Y'_{(3)}$	$Y'_{(4)}$	预测误差/%
2005	−2.14	−1.62	62.59	60.97	60.45	0.86
2006	−0.41	−0.07	64.34	64.28	63.94	0.53
2007	7.59	0.71	66.10	66.81	73.69	−9.34
2008	6.62	4.14	67.85	71.99	74.47	−3.33
2009	−3.78	−1.36	69.60	68.25	65.83	3.68
2010	−8.51	−8.59	71.36	62.77	62.85	−0.13
2011	−10.91	−9.25	73.11	63.86	62.20	2.67
2012	−6.80	−7.67	74.86	67.19	68.06	−1.28
2013	−3.61	−2.47	76.61	74.15	73.00	1.58
2014	−3.76	−3.07	78.37	75.29	74.61	0.91
2015	0.09	0.10	80.12	80.22	80.21	0.01
2016	−0.29	3.21	81.87	85.08	81.58	4.29
2017	5.95	4.29	83.63	87.92	89.57	−1.84
2018	6.23	9.59	85.38	94.97	91.61	3.67
2019	4.16	2.50	87.13	89.63	91.29	−1.82

注：Y 为当年实际气象单产，是以当年实际单产 Y 为纵坐标、以具体年为横坐标的回归方程回归值被当年实际单产 Y 减去所获得，其为正值时表示当年气象条件的单产好于多年平均气象条件的单产，其为负值时表示当年气象条件的单产劣于多年平均气象条件的单产，其为零时表示当年气象条件的单产等于多年平均气象条件的单产；$Y'_{(1)}$ 为通过模型二自回归预测的当年实际气象单产；$Y'_{(2)}$ 为当年实际单产与年份之间的回归方程回归值，也称当年平均气象条件单产；$Y'_{(3)}$ 为当年实际气象单产与当年平均气象条件单产之和，也称为当年单产预测值；$Y'_{(4)}$ 为当年实际单产；预测误差＝$(Y'_{(3)}-Y'_{(4)})\div Y'_{(4)}\times 100\%$。

5. 对来宾市甘蔗当年实际单产预测模型(模型二)关键指标的说明

(1)来宾市当年实际气象单产与当年6月6—30日每日日照时数的平均值(X_2,h)呈正相关,此阶段为甘蔗分蘖期,日照时数多有利于甘蔗有效分蘖。

(2)来宾市当年实际气象单产与当年7月6日—7月31日每日最低温度的平均值(X_3,℃)呈负相关,此阶段为甘蔗伸长期,温度过高不利于甘蔗健壮生长。

(3)来宾市当年实际气象单产与当年7月1日—9月5日每日平均相对湿度的平均值(X_4,%)呈正相关,此阶段为甘蔗伸长期,相对湿度高有利于甘蔗旺盛生长。

(4)来宾市当年实际气象单产与当年7月1日—9月5日每日平均温度的平均值(X_5,℃)呈负相关,此阶段为甘蔗伸长期,温度过高不利于甘蔗健壮生长。

(5)来宾市当年实际气象单产与当年8月1—31日每日日照时数的平均值(X_6,h)呈负相关,此阶段为甘蔗伸长期,日照时数多不利于甘蔗健壮生长。

第三节 有关来宾市甘蔗当年实际单产预测模型(模型一和模型二)的讨论

模型关键指标比较:①模型一与模型二使用了相同的关键指标“当年7月1日—9月5日每日平均温度的平均值”和“当年8月1—31日每日日照时数的平均值”。②模型一使用了7个关键指标,模型二使用了6个关键指标,说明模型一影响因素多。

模型相关系数比较:模型一为七元回归,模型二为六元回归,模型二的相关系数为0.895,高于模型一的相关系数0.739。

模型误差比较:模型一合格率为100%;模型二合格率为100%。

通过以上比较分析,说明两个模型均合格。

第四节 来宾市甘蔗当年实际单产预测模型(模型一和模型二)的验证

表4-7和表4-8为模型一和模型二的验证结果,验证结果为模型一合格,模型二合格。取两个模型预测结果的平均值,可以有效降低单一预测误差较大的风险,2020年、2021年预测误差分别为1.32%、5.97%,预测结果为合格。

表4-7 来宾市甘蔗当年实际单产预测模型验证(模型一) t/hm^2

年份	Y	Y'	预测误差/%	年份	Y	Y'	预测误差/%
2020	94.47	97.40	3.10	2021	89.41	94.33	5.50

表4-8 来宾市甘蔗当年实际单产预测模型验证(模型二) t/hm^2

年份	Y	$Y'_{(1)}$	$Y'_{(2)}$	$Y'_{(3)}$	$Y'_{(4)}$	预测误差/%
2020	5.59	5.16	88.88	94.04	94.47	−0.46
2021	−1.23	4.53	90.64	95.17	89.41	6.44

第五章　柳州市甘蔗单产预测模型研究

第一节　柳州市甘蔗当年实际单产预测模型(模型一)

1. 影响柳州市甘蔗当年实际单产的关键指标

影响柳州市甘蔗当年实际单产的关键指标见表5-1,关键指标数据见表5-2。

表 5-1　影响柳州市甘蔗当年实际单产的关键指标

变量和单位	定义	与当年实际单产的关系
$X_1/(t/hm^2)$	去年实际单产	正相关
$X_2/℃$	当年7月1—31日每日最低温度的平均值	负相关

表 5-2　影响柳州市甘蔗当年实际单产的关键指标数据

年份	$X_1/(t/hm^2)$	$X_2/℃$	$Y/(t/hm^2)$	年份	$X_1/(t/hm^2)$	$X_2/℃$	$Y/(t/hm^2)$
2005	69.35	24.10	70.19	2013	66.84	24.90	67.38
2006	70.19	24.30	69.31	2014	67.38	24.60	67.71
2007	69.31	24.40	73.39	2015	73.53	22.30	72.73
2008	73.39	23.90	75.53	2016	72.73	24.80	74.69
2009	75.53	22.50	71.71	2017	74.69	23.00	78.53
2010	71.71	24.70	60.72	2018	78.53	22.80	79.77
2011	60.72	25.30	62.32	2019	79.77	20.30	80.27
2012	62.32	24.50	66.84				

注:Y 为甘蔗当年实际单产。

2. 柳州市甘蔗当年实际单产与单一关键指标关系模型

对表5-2中影响柳州市甘蔗当年实际单产的2个关键指标与柳州市甘蔗当年实际单产关系绘制散点图,结果分别见图5-1和图5-2。

图5-1说明:柳州市甘蔗当年实际单产与去年实际单产(X_1)呈极显著正相关关系;甘蔗当年实际单产随 X_1 的增加而增加;回归方程为 $Y=0.8560\times X_1+10.5705$,$r=0.777^{**}$($n=15$,$r_{0.05}=0.514$,$r_{0.01}=0.641$)。

图5-2说明:柳州市甘蔗当年实际单产与当年7月1—31日每日最低温度的平均值(X_2)呈极显著负相关关系;甘蔗当年实际单产随 X_2 的增加而降低;回归方程为 $Y=-3.1240\times X_2+145.6303$,$r=-0.707^{**}$($n=15$,$r_{0.05}=0.514$,$r_{0.01}=0.641$)。

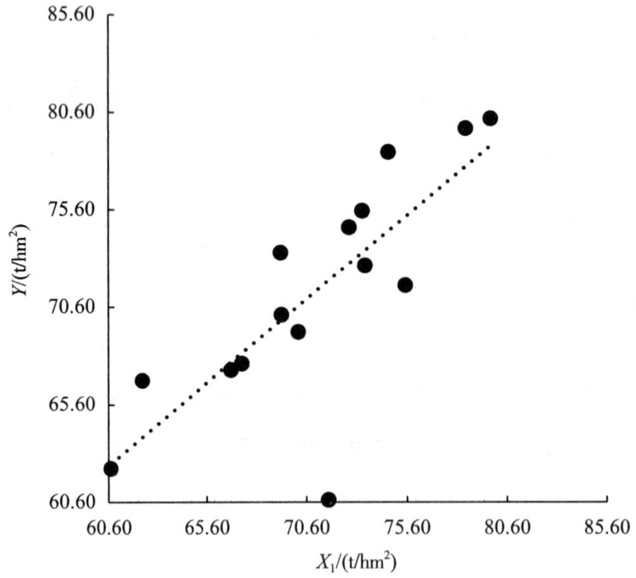

图 5-1　柳州市甘蔗当年实际单产 Y 与 X_1 的关系

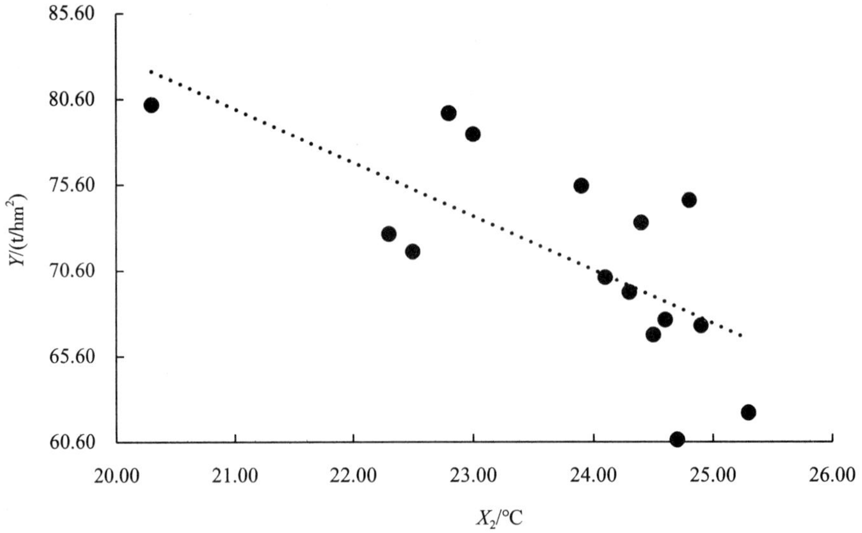

图 5-2　柳州市甘蔗当年实际单产 Y 与 X_2 的关系

3. 柳州市甘蔗当年实际单产预测模型(模型一)

基于表 5-2 中的 2 个关键指标组合的综合预测模型:对柳州市 15 年已知甘蔗当年实际单产(Y)与表 5-2 中的 X_1、X_2 进行二元回归,得到预测模型:$Y=51.5765+0.6419\times X_1-1.0855\times X_2$,$r=0.791^{**}$($n=15$,$r_{0.05}=0.532$,$r_{0.01}=0.661$)。

4. 柳州市甘蔗当年实际单产预测模型(模型一)自回归误差分析

表 5-3 表明柳州市甘蔗当年实际单产预测模型自回归误差有 14 年在 10%以下,有 1 年在 10%以上,模型自回归预测误差低于 10%的比例为 93.3%,模型一合格。

表 5-3 柳州市甘蔗当年实际单产预测模型自回归结果 t/hm²

年份	Y	Y'	预测误差/%	年份	Y	Y'	预测误差/%
2005	70.19	69.94	−0.36	2013	67.38	67.45	0.10
2006	69.31	70.26	1.37	2014	67.71	68.13	0.62
2007	73.39	69.59	−5.18	2015	72.73	74.57	2.53
2008	75.53	72.74	−3.69	2016	74.69	71.35	−4.47
2009	71.71	75.64	5.48	2017	78.53	74.55	−5.07
2010	60.72	70.80	16.60	2018	79.77	77.24	−3.17
2011	62.32	63.09	1.24	2019	80.27	80.75	0.60
2012	66.84	64.99	−2.77				

注：Y 为甘蔗当年实际单产；Y' 为通过模型一自回归预测的甘蔗当年实际单产；预测误差＝$(Y'-Y)\div Y\times 100\%$。

5. 对柳州市甘蔗当年实际单产预测模型(模型一)关键指标的说明

柳州市甘蔗当年实际单产：与当年 7 月 1—31 日每日最低温度的平均值（X_2，℃）呈负相关，此阶段为甘蔗伸长期，温度过高不利于甘蔗健壮生长。

第二节 柳州市甘蔗当年实际单产预测模型(模型二)

1. 影响柳州市甘蔗当年实际气象单产的关键指标

影响柳州市甘蔗当年实际气象单产的关键指标见表 5-4，关键指标数据见表 5-5。

表 5-4 影响柳州市甘蔗当年实际气象单产的关键指标

变量和单位	定义	与当年实际气象单产的关系
X_1/h	当年 4 月 1 日—5 月 26 日每日日照时数的平均值	正相关
X_2/℃	当年 7 月 1 日—8 月 5 日每日最低温度的平均值	负相关

表 5-5 影响柳州市甘蔗当年实际气象单产的关键指标数据

年份	X_1/h	X_2/℃	Y/(t/hm²)	年份	X_1/h	X_2/℃	Y/(t/hm²)
2005	4.70	24.10	2.90	2013	1.91	24.90	−3.30
2006	4.60	23.60	1.60	2014	0.76	24.60	−23.18
2007	4.28	24.40	5.25	2015	3.34	22.30	1.21
2008	2.99	23.90	6.97	2016	2.48	24.80	2.75
2009	2.96	22.50	2.72	2017	3.54	23.00	6.17
2010	2.18	24.70	−8.69	2018	4.54	22.80	6.99
2011	3.41	25.30	−7.51	2019	2.12	20.30	7.06
2012	3.54	24.10	−3.41				

注：Y 为甘蔗当年实际气象单产。

2. 柳州市甘蔗当年实际气象单产与单一关键指标关系模型

对表 5-5 中影响柳州市甘蔗当年实际气象单产的 2 个关键指标与柳州市甘蔗当年实际气象单产关系绘制散点图，结果分别见图 5-3 和图 5-4。

图 5-3 说明：柳州市甘蔗当年实际气象单产与当年 4 月 1 日—5 月 26 日每日日照时数的平均值(X_1)呈显著正相关关系；甘蔗当年实际气象单产随 X_1 的增加而增加；回归方程为 $Y=4.2866\times X_1-13.8344$，$r=0.611^*$ ($n=15$，$r_{0.05}=0.514$，$r_{0.01}=0.641$)。

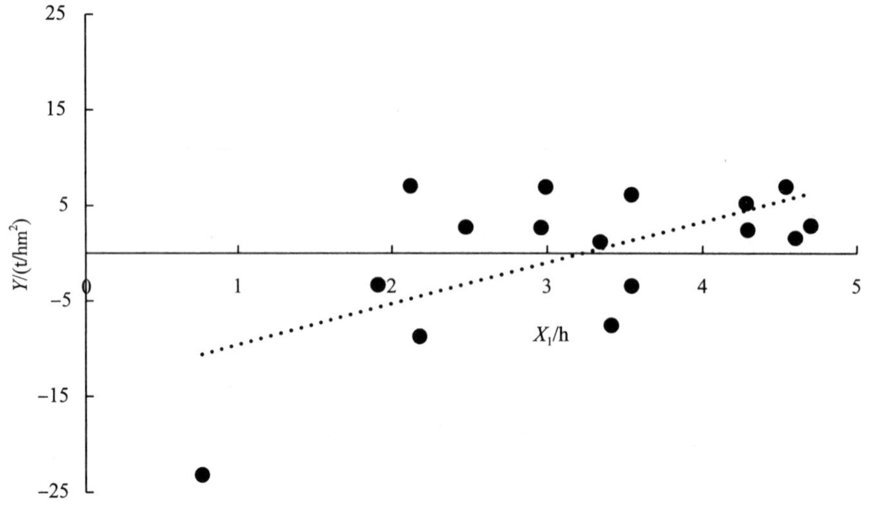

图 5-3 柳州市甘蔗当年实际气象单产 Y 与 X_1 的关系

图 5-4 说明：柳州市甘蔗当年实际气象单产与当年 7 月 1 日—8 月 5 日每日最低温度的平均值(X_2)呈显著负相关关系；甘蔗当年实际气象单产随 X_2 的增加而降低；回归方程为 $Y=-3.1565\times X_2+74.5341$，$r=-0.520^*$ ($n=15$，$r_{0.05}=0.514$，$r_{0.01}=0.641$)。

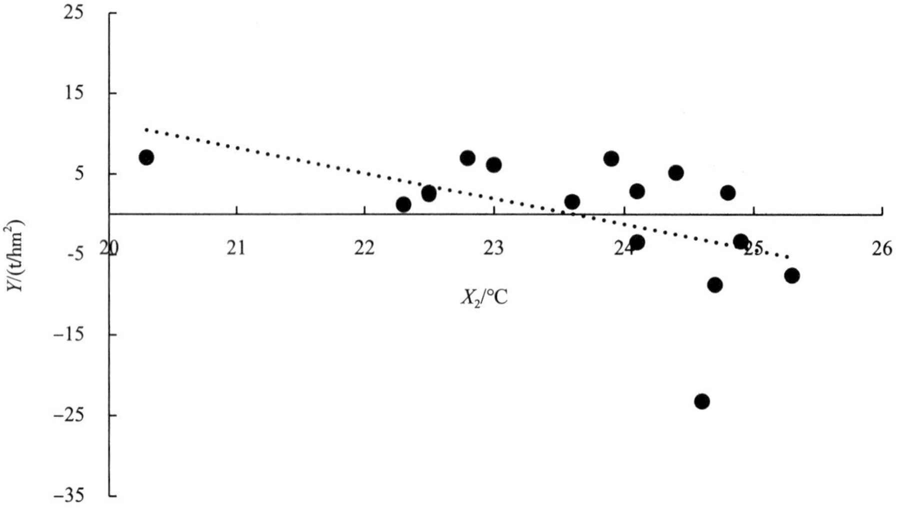

图 5-4 柳州市甘蔗当年实际气象单产 Y 与 X_2 的关系

3. 柳州市甘蔗当年实际气象单产预测模型

基于表 5-5 中的 2 个关键气象因子建立综合预测模型：对柳州市 15 年已知甘蔗当年实际气象单产(Y)与表 5-5 中的 X_1、X_2 进行二元回归，得到预测模型：$Y=56.1623+4.1557\times X_1-2.9318\times X_2$，$r=0.772^{**}$ ($n=15$，$r_{0.05}=0.532$，$r_{0.01}=0.661$)。

4. 柳州市甘蔗当年实际单产预测模型(模型二)自回归误差分析

表 5-6 表明：柳州市甘蔗当年实际单产预测模型自回归误差有 12 年在 10%以下，有 3 年在 10%以上，模型自回归预测误差低于 10%的比例为 80%，模型二合格。

表 5-6　柳州市甘蔗当年实际单产预测模型自回归结果　　t/hm²

年	Y	$Y'_{(1)}$	$Y'_{(2)}$	$Y'_{(3)}$	$Y'_{(4)}$	预测误差/%
2005	2.90	5.04	67.29	72.33	70.19	3.05
2006	1.60	6.09	67.71	73.80	69.31	6.48
2007	5.25	2.41	68.14	70.55	73.39	3.87
2008	6.97	−1.48	68.56	67.08	75.53	−11.19
2009	2.72	2.50	68.98	71.48	71.71	−0.32
2010	−8.69	−7.19	69.41	62.21	60.72	2.45
2011	−7.51	−3.84	69.83	65.99	62.32	5.89
2012	−3.41	0.22	70.25	70.47	66.84	5.43
2013	−3.30	−8.90	70.67	61.77	67.38	−8.33
2014	−23.18	−12.80	71.10	58.29	47.91	21.67
2015	1.21	4.66	71.52	76.18	72.73	4.74
2016	2.75	−6.24	71.94	65.70	74.69	−12.04
2017	6.17	3.44	72.36	75.80	78.53	−3.48
2018	6.99	8.18	72.79	80.97	79.77	1.50
2019	7.06	5.46	73.21	78.66	80.27	−2.01

注：Y 为当年实际气象单产，是以当年实际单产 Y 为纵坐标、以具体年为横坐标的回归方程回归值被当年实际单产 Y 减去所获得，其为正值时表示当年气象条件的单产好于多年平均气象条件的单产，其为负值时表示当年气象条件的单产劣于多年平均气象条件的单产，其为零时表示当年气象条件的单产等于多年平均气象条件的单产；$Y'_{(1)}$ 为通过模型二自回归预测的当年实际气象单产；$Y'_{(2)}$ 为当年实际单产与年份之间的回归方程回归值，也称当年平均气象条件单产；$Y'_{(3)}$ 为当年实际气象单产与当年平均气象条件单产之和，也称为当年单产预测值；$Y'_{(4)}$ 为当年实际单产；预测误差$=(Y'_{(3)}-Y'_{(4)})\div Y'_{(4)}\times100\%$。

5. 对柳州市甘蔗当年实际单产预测模型(模型二)关键指标的说明

(1)柳州市甘蔗当年实际气象单产与当年 4 月 1 日—5 月 26 日每日日照时数的平均值(X_1，h)呈正相关，此阶段为甘蔗萌芽期，日照时数多有利于甘蔗萌发。

(2)柳州市甘蔗当年实际气象单产与当年 7 月 1 日—8 月 5 日每日最低温度的平均值(X_2，℃)呈负相关，此阶段为甘蔗伸长期，温度过高不利于甘蔗健壮生长。

第三节　有关柳州市甘蔗当年实际单产预测模型(模型一和模型二)的讨论

模型关键指标比较:模型一的关键指标 X_2“当年 7 月 1—31 日每日最低温度的平均值”与模型二的关键指标 X_2“当年 7 月 1 日—8 月 5 日每日最低温度的平均值”相近。

模型相关系数比较:模型一和模型二均为二元回归,模型一的相关系数是 0.791 高于模型二的相关系数 0.772。

模型误差比较:模型一合格率为 93.3%;模型二合格率为 80%。

通过以上比较分析,说明两个模型均合格。

第四节　柳州市甘蔗当年实际单产预测模型(模型一和模型二)的验证

表 5-7 和表 5-8 为模型一和模型二的验证结果,验证结果为模型一合格,模型二不合格。取两个模型预测结果的平均值,可以降低单一模型预测误差较大的风险,预测误差 2020 年、2021 年分别为−6.98%、−7.69%,预测结果为合格。

表 5-7　柳州市甘蔗当年实际单产预测模型验证(模型一)　t/hm^2

年份	Y	Y'	预测误差/%	年份	Y	Y'	预测误差/%
2020	82.45	77.13	−6.45	2021	79.98	77.64	−2.93

表 5-8　柳州市甘蔗当年实际单产预测模型验证(模型二)　t/hm^2

年份	Y	$Y'_{(1)}$	$Y'_{(2)}$	$Y'_{(3)}$	$Y'_{(4)}$	预测误差/%
2020	8.82	2.63	73.63	76.26	82.45	−7.51
2021	5.93	−4.02	74.05	70.03	79.98	−12.44

第六章　河池市甘蔗单产预测模型研究

第一节　河池市甘蔗当年实际单产预测模型(模型一)

1. 影响河池市甘蔗当年实际单产的关键指标

影响河池市甘蔗当年实际单产的关键指标见表 6-1,关键指标数据见表 6-2。

表 6-1　影响河池市甘蔗当年实际单产的关键指标

变量和单位	定义	与当年实际单产的关系
$X_1/(t/hm^2)$	去年实际单产	正相关
X_2/h	当年 6 月 1—30 日每日日照时数的平均值	正相关
$X_3/℃$	当年 8 月 1—26 日每日最低温度的平均值	正相关

表 6-2　影响河池市甘蔗当年实际单产的关键指标数据

年份	$X_1/(t/hm^2)$	X_2/h	$X_3/℃$	$Y/(t/hm^2)$	年份	$X_1/(t/hm^2)$	X_2/h	$X_3/℃$	$Y/(t/hm^2)$
2005	63.57	3.31	20.77	53.24	2013	51.47	4.70	22.42	55.73
2006	53.24	4.10	20.23	62.17	2014	55.73	3.87	20.73	54.10
2007	62.17	4.34	22.20	65.26	2015	54.10	3.93	20.79	57.83
2008	65.26	4.71	22.38	63.43	2016	57.83	4.74	23.05	60.16
2009	63.43	4.53	23.36	57.86	2017	60.16	3.37	22.51	60.91
2010	57.86	3.03	22.49	54.15	2020	60.91	4.20	22.03	62.82
2011	54.15	3.98	19.18	52.17	2021	62.82	4.71	23.27	66.79
2012	52.17	3.87	20.72	51.47					

注:Y 为甘蔗当年实际单产。

2. 河池市甘蔗当年实际单产与单一关键指标关系模型

对表 6-2 中影响河池市甘蔗当年实际单产的 3 个关键指标与河池市甘蔗当年实际单产关系绘制散点图,结果分别见图 6-1 至图 6-3。

图 6-1 说明:河池市甘蔗当年实际单产与去年实际单产(X_1)呈显著正相关关系;甘蔗当年实际单产随 X_1 的增加而增加;回归方程为 $Y=-0.013\ 5\times X_1^2+2.132\ 6\times X_1-19.592\ 7$,$r=0.524^*$ ($n=15$,$r_{0.05}=0.514$,$r_{0.01}=0.641$)。

图 6-2 说明:河池市甘蔗当年实际单产与当年 6 月 1—30 日每日日照时数的平均值(X_2)呈显著正相关关系;甘蔗当年实际单产随 X_2 的增加而增加;回归方程为 $Y=1.873\ 4\times X_2^2-10.187\ 0\times X_2+68.326\ 3$,$r=0.531^*$ ($n=15$,$r_{0.05}=0.514$,$r_{0.01}=0.641$)。

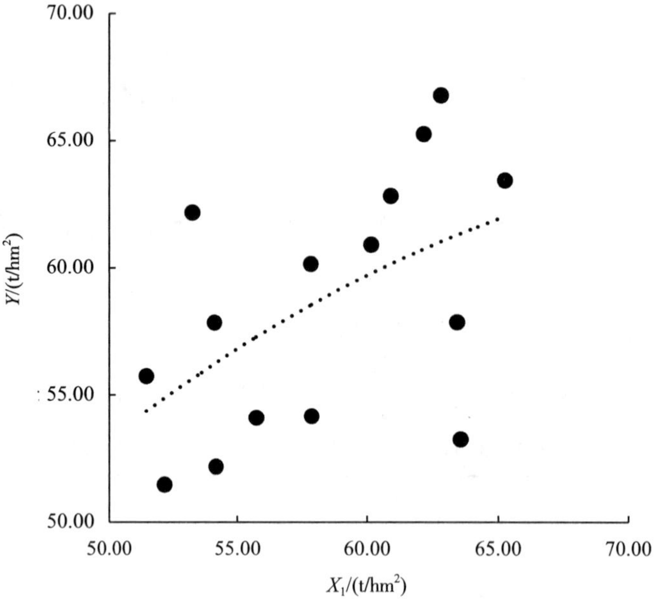

图 6-1 河池市甘蔗当年实际单产 Y 与 X_1 的关系

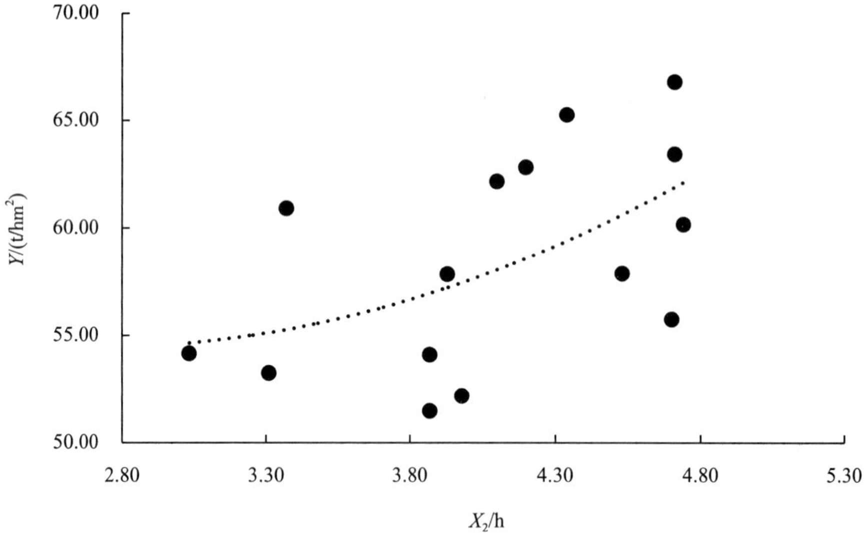

图 6-2 河池市甘蔗当年实际单产 Y 与 X_2 的关系

图 6-3 说明：河池市甘蔗当年实际单产与当年 8 月 1—26 日每日最低温度的平均值(X_3)呈显著正相关关系；甘蔗当年实际单产随 X_3 的增加而增加；回归方程为 $Y=-0.0946\times X_3^2+6.1788\times X_3-30.9331$，$r=0.534^*$ ($n=15$，$r_{0.05}=0.514$，$r_{0.01}=0.641$)。

3. 河池市甘蔗当年实际单产预测模型(模型一)

基于表 6-2 中的三个关键指标建立综合预测模型：对河池市 15 年已知甘蔗当年实际单产(Y)与表 6-2 中的 X_1、X_2、X_3 进行三元回归，得到预测模型：$Y=5.2683+0.4131\times X_1+3.7162\times X_2+0.6424\times X_3$，$r=0.709^{**}$ ($n=15$，$r_{0.05}=0.553$，$r_{0.01}=0.684$)。

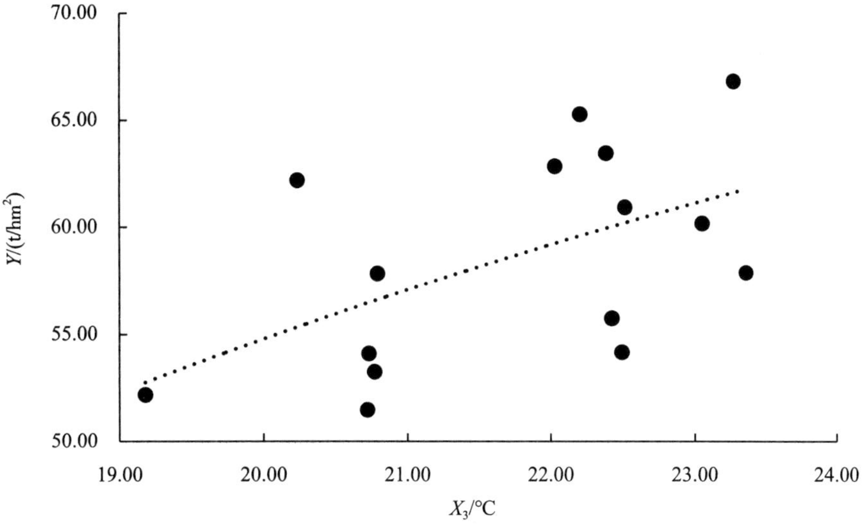

图 6-3　河池市甘蔗当年实际单产 Y 与 X_3 的关系

4. 河池市甘蔗当年实际单产预测模型(模型一)自回归误差分析

表 6-3 表明:河池市甘蔗当年实际单产预测模型自回归误差有 14 年在 10%以下,有 1 年在 10%以上,模型自回归预测误差低于 10%的比例为 93.3%,模型一合格。

表 6-3　河池市甘蔗当年实际单产预测模型自回归结果　　t/hm²

年份	Y	Y′	预测误差/%	年份	Y	Y′	预测误差/%
2005	53.24	57.17	7.38	2013	55.73	58.40	4.79
2006	62.17	55.50	−10.73	2014	54.10	55.99	3.50
2007	65.26	61.34	−6.01	2015	57.83	55.58	−3.90
2008	63.43	64.11	1.07	2016	60.16	61.58	2.36
2009	57.86	63.31	9.42	2017	60.91	57.11	−6.24
2010	54.15	54.88	1.35	2020	62.82	60.19	−4.19
2011	52.17	54.75	4.95	2021	66.79	63.67	−4.67
2012	51.47	54.51	5.91				

注:Y 为甘蔗当年实际单产;Y' 为通过模型一自回归预测的甘蔗当年实际单产;预测误差 $=(Y'-Y)\div Y\times 100\%$。

5. 对河池市甘蔗当年实际单产预测模型(模型一)关键指标的说明

(1)河池市甘蔗当年实际单产与当年 6 月 1—30 日每日日照时数的平均值(X_2,h)呈正相关,此阶段为甘蔗分蘖期,日照时数多有利于甘蔗有效分蘖。

(2)河池市甘蔗当年实际单产与当年 8 月 1—26 日每日最低温度的平均值(X_3,℃)呈正相关,此阶段为甘蔗伸长期,温度高有利于甘蔗健壮生长。

第二节　河池市甘蔗当年实际单产预测模型(模型二)

1. 影响河池市甘蔗当年实际气象单产的关键指标

影响河池市甘蔗当年实际气象单产的关键指标见表 6-4,关键指标数据见表 6-5。

表 6-4　影响河池市甘蔗当年实际气象单产的关键指标

变量和单位	定义	与当年实际气象单产的关系
$X_1/(t/hm^2)$	去年实际气象单产	正相关
X_2/h	当年 6 月 1—30 日每日日照时数的平均值	正相关
$X_3/℃$	当年 8 月 1 日—9 月 25 日每日最低温度的平均值	正相关

表 6-5　影响河池市甘蔗当年实际气象单产的关键指标数据

年份	$X_1/(t/hm^2)$	X_2/h	$X_3/℃$	$Y/(t/hm^2)$	年份	$X_1/(t/hm^2)$	X_2/h	$X_3/℃$	$Y/(t/hm^2)$
2005	4.65	3.31	18.63	−5.60	2013	−6.88	4.70	14.99	−2.55
2006	−5.60	4.10	16.42	3.39	2014	−2.55	3.87	17.02	−4.11
2007	3.39	4.34	16.29	6.56	2015	−4.11	3.93	19.30	−0.31
2008	6.56	4.71	20.11	4.80	2016	−0.31	4.74	18.26	2.09
2009	4.80	4.53	18.67	−0.70	2017	2.09	3.37	22.39	2.91
2010	−0.70	3.03	16.31	−4.34	2020	2.91	4.20	18.09	5.03
2011	−4.34	3.98	16.08	−6.25	2021	5.03	4.71	21.55	9.08
2012	−6.25	3.87	14.73	−6.88					

注:Y 为甘蔗当年实际气象单产。

2. 河池市甘蔗当年实际气象单产与单一关键指标关系模型

对表 6-5 中影响河池市甘蔗当年实际气象单产 3 个关键指标与甘蔗当年实际气象单产关系绘制散点图,结果分别见图 6-4 至图 6-6。

图 6-4 说明:河池市甘蔗当年实际气象单产与去年实际气象单产(X_1)呈显著正相关关系;甘蔗当年实际气象单产随 X_1 的增加而增加;回归方程为 $Y=0.015\ 0\times X_1^2+0.593\ 1\times X_1-0.038\ 4$,$r=0.534^*$($n=15$,$r_{0.05}=0.514$,$r_{0.01}=0.641$)。

图 6-5 说明:河池市甘蔗当年实际气象单产与当年 6 月 1—30 日每日日照时数的平均值(X_2)呈显著正相关关系;甘蔗当年实际气象单产随 X_2 的增加而增加;回归方程为 $Y=-1.881\ 7\times X_2^2-10.124\ 0\times X_2+9.596\ 6$,$r=0.534^*$($n=15$,$r_{0.05}=0.514$,$r_{0.01}=0.641$)。

图 6-6 说明:河池市甘蔗当年实际气象单产与当年 8 月 1 日—9 月 25 日每日最低温度的平均值(X_3)呈显著正相关关系;甘蔗当年实际气象单产随 X_3 的增加而增加;回归方程为 $Y=-0.032\ 5\times X_3^2+2.440\ 2\times X_3-32.944\ 8$,$r=0.557^*$($n=15$,$r_{0.05}=0.514$,$r_{0.01}=0.641$)。

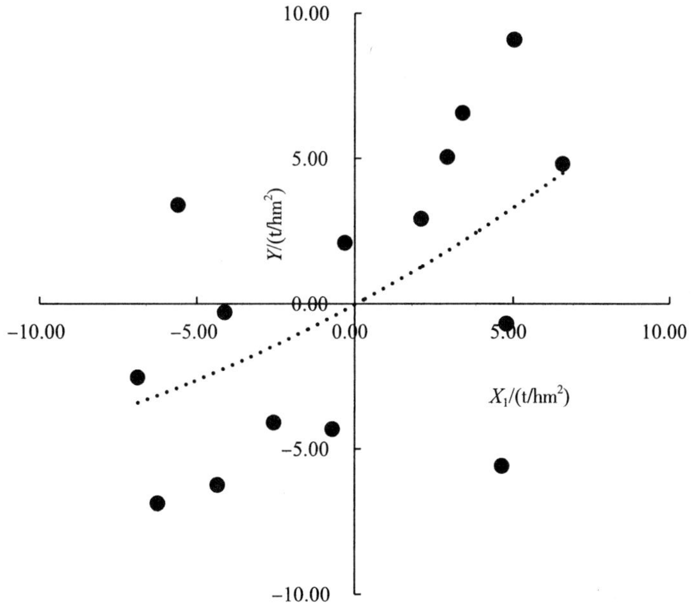

图 6-4　河池市甘蔗当年实际气象单产 Y 与 X_1 的关系

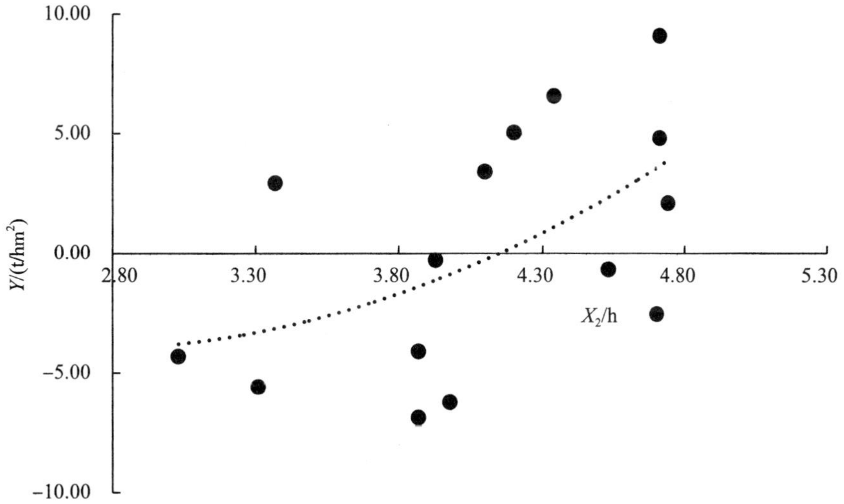

图 6-5　河池市甘蔗当年实际气象单产 Y 与 X_2 的关系

3. 河池市甘蔗当年实际气象单产预测模型

基于表 6-5 中的三个关键气象因子建立综合预测模型：对河池市 15 年已知甘蔗当年实际气象单产(Y)与表 6-5 中的 X_1、X_2、X_3 进行三元回归，得到预测模型：$Y=-33.8505+0.2198\times X_1+4.4127\times X_2+0.8938\times X_3$，$r=0.761^{**}$（$n=15$，$r_{0.05}=0.553$，$r_{0.01}=0.684$）。

4. 河池市甘蔗当年实际单产预测模型(模型二)自回归误差分析

表 6-6 表明：河池市甘蔗当年实际单产预测模型自回归误差 15 年全部在 10%以下，模型自回归预测误差低于 10%的比例为 100%，模型二合格。

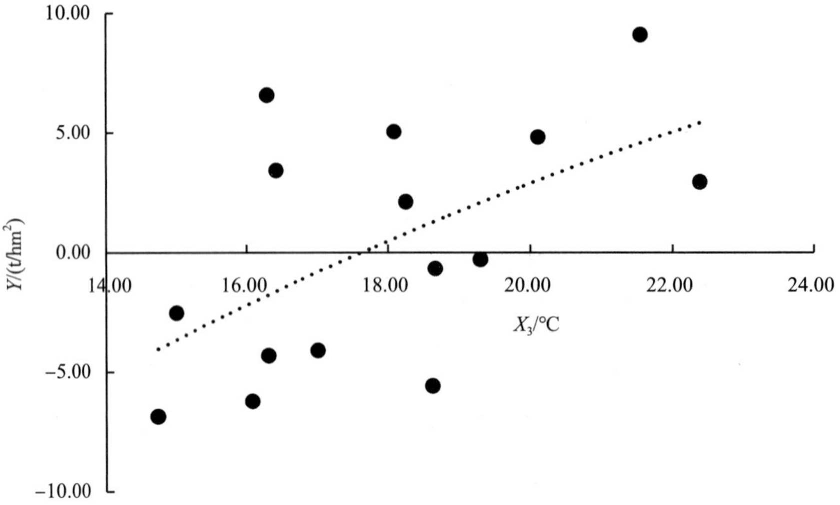

图 6-6　河池市甘蔗当年实际气象单产 Y 与 X_3 的关系

表 6-6　河池市甘蔗当年实际单产预测模型自回归结果　　　t/hm²

年份	Y	$Y'_{(1)}$	$Y'_{(2)}$	$Y'_{(3)}$	$Y'_{(4)}$	预测误差/%
2005	−5.60	−1.57	58.84	57.27	53.24	7.57
2006	3.39	−2.31	58.77	56.46	62.17	−9.18
2007	6.56	0.61	58.70	59.31	65.26	−9.12
2008	4.80	6.35	58.63	64.98	63.43	2.44
2009	−0.70	3.88	58.56	62.44	57.86	7.92
2010	−4.34	−6.06	58.49	52.43	54.15	−3.18
2011	−6.25	−2.87	58.42	55.55	52.17	6.48
2012	−6.88	−4.98	58.35	53.37	51.47	3.69
2013	−2.55	−1.23	58.28	57.05	55.73	2.37
2014	−4.11	−2.12	58.21	56.09	54.10	3.68
2015	−0.31	−0.16	58.14	57.98	57.83	0.26
2016	2.09	3.32	58.07	61.39	60.16	2.04
2017	2.91	1.49	58.00	59.49	60.91	−2.33
2020	5.03	1.49	57.79	59.28	62.82	−5.64
2021	9.08	7.30	57.72	65.02	66.79	−2.55

注：Y 为当年实际气象单产，是以当年实际单产 Y 为纵坐标、以具体年为横坐标的回归方程回归值被当年实际单产 Y 减去所获得，其为正值时表示当年气象条件的单产好于多年平均气象条件的单产，其为负值时表示当年气象条件的单产劣于多年平均气象条件的单产，其为零时表示当年气象条件的单产等于多年平均气象条件的单产；$Y'_{(1)}$ 为通过模型二自回归预测的当年实际气象单产；$Y'_{(2)}$ 为当年实际单产与年份之间的回归方程回归值，也称当年平均气象条件单产；$Y'_{(3)}$ 为当年实际气象单产与当年平均气象条件单产之和，也称为当年单产预测值；$Y'_{(4)}$ 为当年实际单产；预测误差＝$(Y'_{(3)}-Y'_{(4)})\div Y'_{(4)}\times 100\%$。

5. 对河池市甘蔗当年实际单产预测模型(模型二)关键指标的说明

(1)河池市当年实际气象单产与当年6月1—30日每日日照时数的平均值(X_2,h)呈正相关,此阶段为甘蔗分蘖期,日照时数多有利于甘蔗有效分蘖。

(2)河池市当年实际气象单产与当年8月1日—9月25日每日最低温度的平均值(X_3,℃)呈正相关,此阶段为甘蔗伸长期,温度高有利于甘蔗健壮生长。

第三节　有关河池市甘蔗当年实际单产预测模型(模型一和模型二)的讨论

模型关键指标比较:模型一与模型二的关键指标除 X_3 时间范围略有不同外,其他都相同。

模型相关系数比较:模型一与模型二均是三元回归,模型一相关系数是0.709,略低于模型二相关系数0.761。

模型误差比较:模型一合格率为93.3%;模型二合格率为100%。

通过以上比较分析,说明两个模型均合格。

第四节　河池市甘蔗当年实际单产预测模型(模型一和模型二)的验证

表6-7和表6-8为模型一和模型二的验证结果,验证结果为模型一合格,模型二合格。取两个模型预测结果的平均值,可以降低单一模型预测误差较大的风险,预测误差2018年、2019年分别为5.46%、-0.70%,预测结果为合格。

表6-7　河池市甘蔗当年实际单产预测模型验证(模型一)　t/hm^2

年份	Y	Y'	预测误差/%	年份	Y	Y'	预测误差/%
2018	59.92	60.56	1.07	2019	62.16	59.03	-5.04

表6-8　河池市甘蔗当年实际单产预测模型验证(模型二)　t/hm^2

年份	Y	$Y'_{(1)}$	$Y'_{(2)}$	$Y'_{(3)}$	$Y'_{(4)}$	预测误差/%
2018	1.99	7.89	57.93	65.82	59.92	9.85
2019	4.31	6.57	57.86	64.43	62.16	3.65

第七章　百色市甘蔗单产预测模型研究

第一节　百色市甘蔗当年实际单产预测模型(模型一)

1. 影响百色市甘蔗当年实际单产的关键指标

影响百色市甘蔗当年实际单产的关键指标见表 7-1,关键指标数据见表 7-2。

表 7-1　影响百色市甘蔗当年实际单产的关键指标

变量和单位	定义	与当年实际单产的关系
X/℃	当年 7 月 1—31 日每日最低温度的平均值	负相关

表 7-2　影响百色市甘蔗当年实际单产的关键指标数据

年份	X/℃	Y/(t/hm^2)	年份	X/℃	Y/(t/hm^2)
2005	22.90	61.30	2013	23.70	57.48
2006	23.10	55.21	2014	22.80	73.01
2007	21.90	59.27	2015	21.00	65.32
2008	21.30	73.08	2016	23.20	60.21
2009	22.70	61.91	2017	23.10	53.91
2010	23.50	62.47	2018	23.50	55.51
2011	23.30	46.96	2019	23.80	60.18
2012	24.00	55.00			

注:Y 为甘蔗当年实际单产。

2. 百色市甘蔗当年实际单产与单一关键指标关系模型

对表 7-2 中影响百色市甘蔗当年实际单产的 1 个关键指标与百色市甘蔗当年实际单产关系绘制散点图,结果见图 7-1。

图 7-1 说明:百色市甘蔗当年实际单产与当年 7 月 1—31 日每日最低温度的平均值(X)呈显著负相关关系;甘蔗当年实际单产随着 X 的增加而降低;回归方程为 $Y=-4.385\ 0\times X+160.558\ 6$,$r=-0.563^*$($n=15$,$r_{0.05}=0.514$,$r_{0.01}=0.641$)。

3. 百色市甘蔗当年实际单产预测模型(模型一)

基于表 7-2 中的一个关键指标建立综合预测模型:对百色市 15 年已知甘蔗当年实际单产(Y)与表 7-2 中的 X 进行一元回归,得到预测模型:$Y=-4.385\ 0\times X+160.558\ 6$,$r=-0.563^*$($n=15$,$r_{0.05}=0.514$,$r_{0.01}=0.641$)。由于只有一个自变量,因此预测模型与图 7-1 中的模型一致。

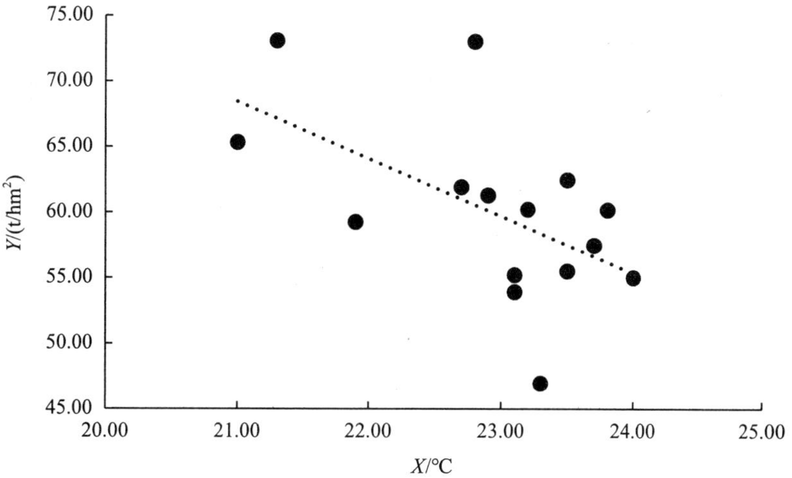

图 7-1 百色市甘蔗当年实际单产 *Y* 与 *X* 的关系

4. 百色市甘蔗当年实际单产预测模型(模型一)自回归误差分析

表 7-3 表明:百色市甘蔗当年实际单产预测模型自回归误差有 13 年在 10%以下,有 2 年在 10%以上,模型自回归预测误差低于 10%的比例为 86.7%,模型一合格。

表 7-3 百色市甘蔗当年实际单产预测模型自回归结果 t/hm²

年份	Y	Y′	预测误差/%	年份	Y	Y′	预测误差/%
2005	61.30	60.14	−1.89	2013	57.48	56.63	−1.48
2006	55.21	59.27	7.35	2014	73.01	60.58	−17.04
2007	59.27	64.53	8.87	2015	65.32	68.47	4.82
2008	73.08	67.16	−8.10	2016	60.21	58.83	−2.29
2009	61.91	61.02	−1.44	2017	53.91	59.27	9.94
2010	62.47	57.51	−7.94	2018	55.51	57.51	3.60
2011	46.96	58.39	24.34	2019	60.18	56.20	−6.61
2012	55.00	55.32	0.58				

注:Y 为甘蔗当年实际单产;Y' 为通过模型一自回归预测的甘蔗当年实际单产;预测误差$=(Y'-Y)\div Y\times 100\%$。

5. 对百色市甘蔗当年实际单产预测模型(模型一)关键指标的说明

百色市甘蔗当年实际单产:与当年 7 月 1—31 日每日最低温度的平均值(X,℃)呈负相关,此阶段为甘蔗伸长期,最低温度过高不利于甘蔗幼苗健壮生长。

第二节 百色市甘蔗当年实际单产预测模型(模型二)

1. 影响百色市甘蔗当年实际气象单产的关键指标

影响百色市甘蔗当年实际气象单产的关键指标见表 7-4,关键指标数据见表 7-5。

表 7-4 影响百色市甘蔗当年实际气象单产的关键指标

变量和单位	定义	与当年实际气象单产的关系
X_1/℃	当年 3 月 6—31 日每日最高温度的平均值	正相关
X_2/℃	当年 7 月 1—26 日每日最低温度的平均值	负相关

表 7-5 影响百色市甘蔗当年实际气象单产的关键指标数据

年份	X_1/℃	X_2/℃	Y/(t/hm²)	年份	X_1/℃	X_2/℃	Y/(t/hm²)
2005	33.80	23.80	−1.10	2013	33.50	23.80	−2.61
2006	33.40	23.10	−6.90	2014	34.50	22.80	13.22
2007	36.50	22.30	−2.55	2015	36.10	21.00	5.81
2008	34.20	21.30	11.55	2016	33.10	23.20	0.99
2009	35.10	22.70	0.67	2017	33.30	23.10	−5.02
2010	34.00	23.50	1.51	2018	30.80	23.50	−3.13
2011	28.30	23.30	−13.70	2019	34.60	23.90	1.83
2012	32.20	24.10	−5.37				

注：Y 为甘蔗当年实际气象单产。

2. 百色市甘蔗当年实际气象单产与单一关键指标关系模型

对表 7-5 中影响百色市甘蔗当年实际气象单产的 2 个关键指标与百色市甘蔗当年实际气象单产关系绘制散点图，结果分别见图 7-2 和图 7-3。

图 7-2 说明：百色市甘蔗当年实际气象单产与当年 3 月 6—31 日每日最高温度的平均值（X_1）呈正相关关系；甘蔗当年实际气象单产随 X_1 的增加而增加；回归方程为 $Y=-0.2525\times X_1^2+18.0733\times X_1-320.8725$，$r=0.505^*$（$n=15$，$r_{0.05}=0.514$，$r_{0.01}=0.641$）。

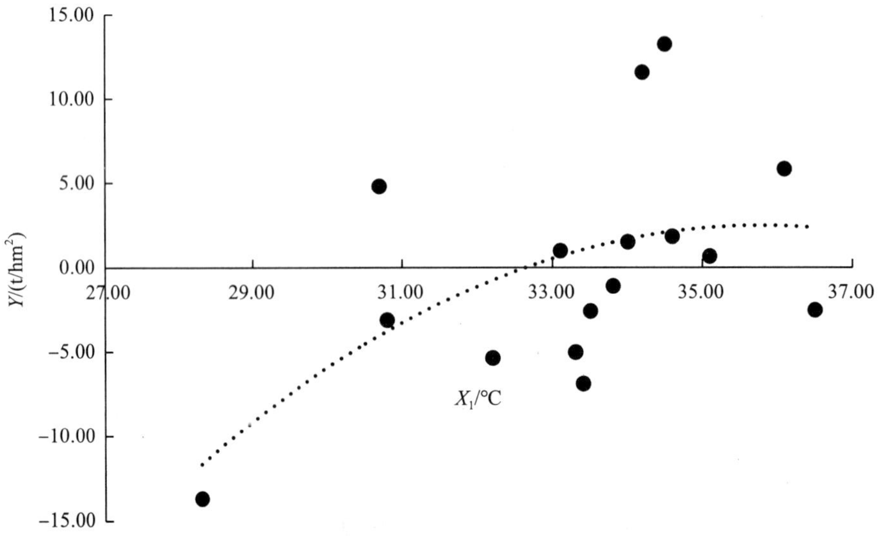

图 7-2 百色市甘蔗当年实际气象单产 Y 与 X_1 的关系

图 7-3 说明：百色市甘蔗当年实际气象单产与当年 7 月 1—26 日每日最低温度的平均值(X_2)呈显著负相关关系；甘蔗当年实际气象单产随 X_1 的增加而降低；回归方程为 $Y=1.028\ 1\times X_2^2-50.289\ 8\times X_2+611.746\ 8$，$r=-0.545^*$ ($n=15$，$r_{0.05}=0.514$，$r_{0.01}=0.641$)。

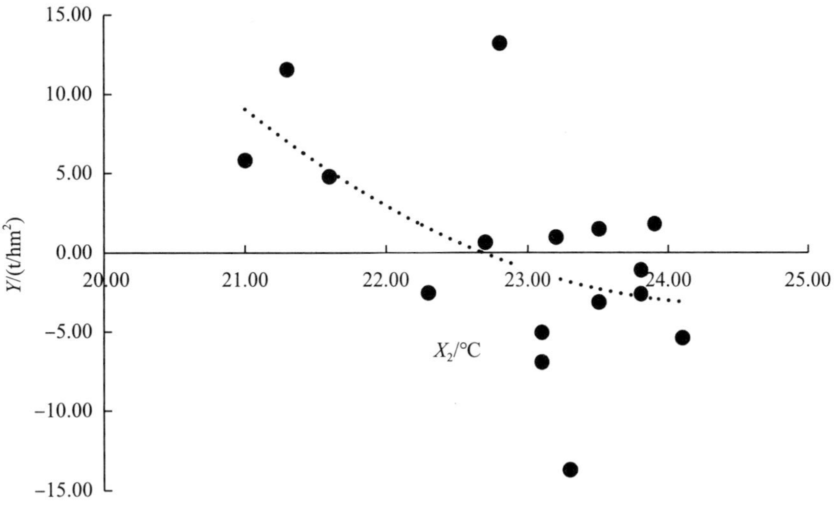

图 7-3　百色市甘蔗当年实际气象单产 Y 与 X_2 的关系

3. 百色市甘蔗当年实际气象单产预测模型

基于表 7-5 中的两个关键气象因子组合的综合预测模型：对百色市 15 年已知甘蔗当年实际气象单产(Y)与表 7-5 中的 X_1、X_2 进行二元回归，得到预测模型：$Y=-3.291\ 0+1.622\ 6\times X_1-2.235\ 7\times X_2$，$r=0.670^{**}$ ($n=15$，$r_{0.05}=0.532$，$r_{0.01}=0.661$)。

4. 百色市甘蔗当年实际单产预测模型(模型二)自回归误差分析

表 7-6 表明：百色市甘蔗当年实际单产预测模型自回归误差有 12 年在 10%以下，有 3 年在 10%以上，模型自回归预测误差低于 10%的比例为 80%，模型二合格。

表 7-6　百色市甘蔗当年实际单产预测模型自回归结果　　t/hm²

年份	Y	$Y'_{(1)}$	$Y'_{(2)}$	$Y'_{(3)}$	$Y'_{(4)}$	预测误差/%
2005	−1.10	−1.66	62.40	60.74	61.30	−0.91
2006	−6.90	−0.74	62.11	61.36	55.21	11.14
2007	−2.55	6.08	61.82	67.89	59.27	14.54
2008	11.55	4.58	61.53	66.11	73.08	−9.54
2009	0.67	2.91	61.24	64.15	61.91	3.62
2010	1.51	−0.66	60.95	60.29	62.47	−3.49
2011	−13.70	−9.47	60.66	51.20	46.96	9.03
2012	−5.37	−4.93	60.37	55.45	55.00	0.82

续表 7-6

年份	Y	$Y'_{(1)}$	$Y'_{(2)}$	$Y'_{(3)}$	$Y'_{(4)}$	预测误差/%
2013	−2.61	−2.15	60.09	57.94	57.48	0.80
2014	13.22	1.71	59.80	61.51	73.01	−15.75
2015	5.81	8.33	59.51	67.84	65.32	3.86
2016	0.99	−1.45	59.22	57.76	60.21	−4.07
2017	−5.02	−0.91	58.93	58.02	53.91	7.62
2018	−3.13	−5.86	58.64	52.78	55.51	−4.92
2019	1.83	−0.58	58.35	57.77	60.18	−4.00

注：Y 为当年实际气象单产，是以当年实际单产 Y 为纵坐标、以具体年为横坐标的回归方程回归值被当年实际单产 Y 减去所获得，其为正值时表示当年气象条件的单产好于多年平均气象条件的单产，其为负值时表示当年气象条件的单产劣于多年平均气象条件的单产，其为零时表示当年气象条件的单产等于多年平均气象条件的单产；$Y'_{(1)}$ 为通过模型二自回归预测的当年实际气象单产；$Y'_{(2)}$ 为当年实际单产与年份之间的回归方程回归值，也称当年平均气象条件单产；$Y'_{(3)}$ 为当年实际气象单产与当年平均气象条件单产之和，也称为当年单产预测值；$Y'_{(4)}$ 为当年实际单产；预测误差 $=(Y'_{(3)}-Y'_{(4)})\div Y'_{(4)}\times 100\%$。

5. 对百色市甘蔗当年实际单产预测模型(模型二)关键指标的说明

(1)百色市当年实际气象单产与当年 3 月 6—31 日每日最高温度的平均值(X_1,℃)呈正相关，此阶段为甘蔗萌芽期，温度高时有利于甘蔗萌发。

(2)百色市当年实际气象单产与当年 7 月 1—26 日每日最低温度的平均值(X_2,℃)呈负相关，此阶段为甘蔗伸长期，温度过高不利于甘蔗健壮生长。

第三节　有关百色市甘蔗当年实际单产预测模型(模型一和模型二)的讨论

模型关键指标比较：模型一的关键指标为 1 个，模型二的关键指标为 2 个，其中有 1 个指标基本相同。

模型相关系数比较：模型一为一元回归，模型二为二元回归，模型一相关系数是 0.563，低于模型二相关系数 0.670。

模型误差比较：模型一合格率为 86.7%；模型二合格率为 80%。

通过以上比较分析，说明两个模型均合格。

第四节　百色市甘蔗当年实际单产预测模型(模型一和模型二)的验证

表 7-7 和表 7-8 为模型一和模型二的验证结果，验证结果为模型一合格，模型二不合格。取两个模型预测结果的平均值，可以降低单一模型预测误差较大的风险，预测误差 2020 年、2021 年分别为−3.90%、−0.56%，预测结果为合格。

表 7-7　百色市甘蔗当年实际单产预测模型验证(模型一)　t/hm^2

年份	Y	Y'	预测误差/%	年份	Y	Y'	预测误差/%
2020	59.36	62.12	4.65	2021	61.04	63.65	4.28

表 7-8　百色市甘蔗当年实际单产预测模型验证(模型二)　t/hm^2

年份	Y	$Y'_{(1)}$	$Y'_{(2)}$	$Y'_{(3)}$	$Y'_{(4)}$	预测误差/%
2020	1.30	−6.09	58.06	51.97	59.36	−12.45
2021	3.27	−0.02	57.77	57.75	61.04	−5.39

第八章　钦州市甘蔗单产预测模型研究

第一节　钦州市甘蔗当年实际单产预测模型(模型一)

1. 影响钦州市甘蔗当年实际单产的关键指标

影响钦州市甘蔗当年实际单产的关键指标见表 8-1,关键指标数据见表 8-2。

表 8-1　影响钦州市甘蔗当年实际单产的关键指标

变量和单位	定义	与当年实际单产的关系
X_1/h	当年 7 月 1 日—8 月 31 日每日日照时数的平均值	负相关
X_2/℃	当年 7 月 27 日—8 月 31 日每日平均温度的平均值	负相关
X_3/mm	当年 7 月 27 日—8 月 31 日每日降水量的平均值	正相关

表 8-2　影响钦州市甘蔗当年实际单产的关键指标数据

年份	X_1/h	X_2/℃	X_3/mm	Y/(t/hm^2)	年份	X_1/h	X_2/℃	X_3/mm	Y/(t/hm^2)
2005	7.19	28.84	10.98	63.50	2013	6.07	28.82	14.86	65.85
2006	5.53	28.12	11.43	67.73	2014	6.03	28.64	11.08	68.75
2007	7.22	28.83	8.95	44.71	2015	5.69	29.02	21.94	70.28
2008	5.29	28.63	19.60	66.86	2016	6.10	28.19	12.53	71.24
2009	7.24	29.69	4.17	48.28	2017	5.03	27.94	18.52	72.66
2010	7.64	28.81	9.46	58.42	2018	5.43	27.86	13.83	72.10
2011	7.48	28.94	6.20	60.26	2019	4.45	28.79	15.41	72.62
2012	7.07	28.96	10.90	64.51					

注:Y 为甘蔗当年实际单产。

2. 钦州市甘蔗当年实际单产与单一关键指标关系模型

对表 8-2 中影响钦州市甘蔗当年实际单产的 3 个关键指标与钦州市甘蔗当年实际单产关系绘制散点图,结果分别见图 8-1 至图 8-3。

图 8-1 说明:钦州市甘蔗当年实际单产与当年 7 月 1 日—8 月 31 日每日日照时数的平均值(X_1)呈极显著负相关关系;甘蔗当年实际单产随 X_1 的增加而降低;回归方程为 $Y=-6.3928\times X_1+104.3429$,$r=-0.755^{**}$($n=15$,$r_{0.05}=0.514$,$r_{0.01}=0.641$)。

图 8-2 说明:钦州市甘蔗当年实际单产与当年 7 月 27 日—8 月 31 日每日平均温度的平均值(X_2)呈显著负相关关系;甘蔗当年实际单产随 X_2 的增加而降低;回归方程为 $Y=-11.4167\times X_2+391.8568$,$r=-0.636^{*}$($n=15$,$r_{0.05}=0.514$,$r_{0.01}=0.641$)。

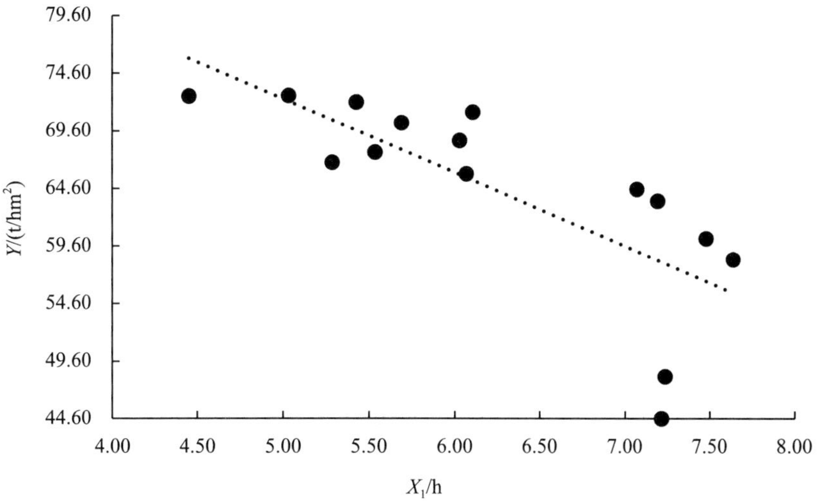

图 8-1　钦州市甘蔗当年实际单产 Y 与 X_1 的关系

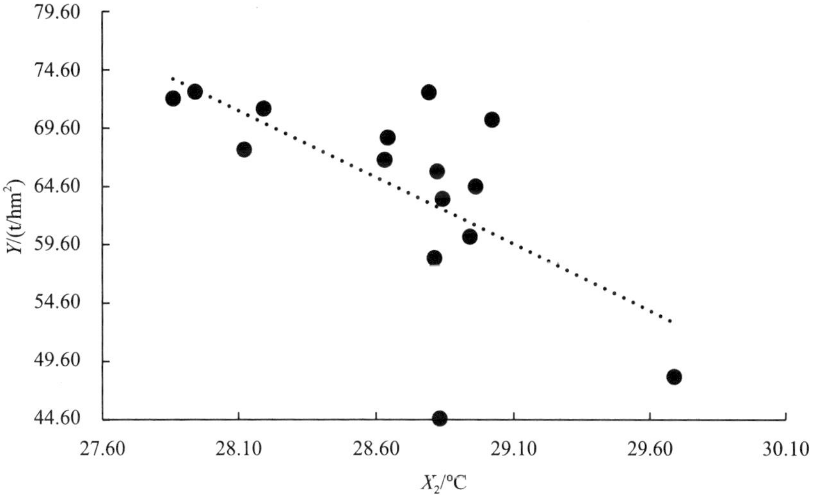

图 8-2　钦州市甘蔗当年实际单产 Y 与 X_2 的关系

图 8-3 说明：钦州市甘蔗当年实际单产与当年 7 月 27 日—8 月 31 日每日降水量的平均值(X_3)呈极显著正相关关系；甘蔗当年实际单产随 X_3 的增加而增加；回归方程为 $Y=1.212\ 1\times X_3+49.175\ 9$，$r=0.691^{**}$($n=15$，$r_{0.05}=0.514$，$r_{0.01}=0.641$)。

3. 钦州市甘蔗当年实际单产预测模型(模型一)

基于表 8-2 中的 3 个关键指标建立综合预测模型：对钦州市 15 年已知甘蔗当年实际单产(Y)与表 8-2 中的 X_1、X_2、X_3 进行三元回归，得到预测模型：$Y=241.305\ 5-3.020\ 5\times X_1-5.736\ 6\times X_2+0.514\ 3\times X_3$，$r=0.822^{**}$($n=15$，$r_{0.05}=0.553$，$r_{0.01}=0.684$)。

4. 钦州市甘蔗当年实际单产预测模型(模型一)自回归误差分析

表 8-3 表明：钦州市甘蔗当年实际单产预测模型自回归误差有 14 年在 10%以下，有 1 年在 10%以上，模型自回归预测误差低于 10%的比例为 93.3%，模型一合格。

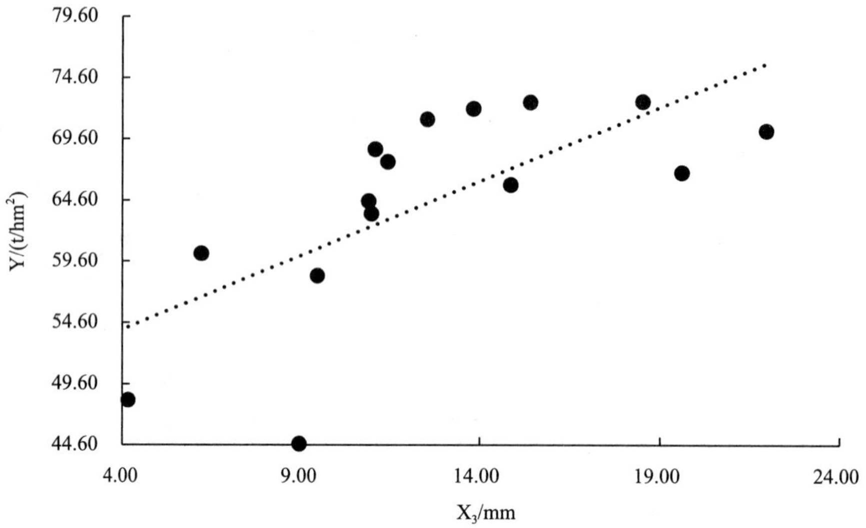

图 8-3　钦州市甘蔗当年实际单产 Y 与 X_3 的关系

表 8-3　钦州市甘蔗当年实际单产预测模型自回归结果　　t/hm²

年份	Y	Y'	预测误差/%	年份	Y	Y'	预测误差/%
2005	63.50	59.78	−5.86	2013	65.85	65.29	−0.85
2006	67.73	69.15	2.10	2014	68.75	64.50	−6.18
2007	44.71	58.73	31.36	2015	70.28	68.93	−1.92
2008	66.86	71.18	6.46	2016	71.24	67.59	−5.12
2009	48.28	51.27	6.19	2017	72.66	75.35	3.70
2010	58.42	57.83	−1.01	2018	72.10	72.21	0.15
2011	60.26	55.89	−7.25	2019	72.62	70.63	−2.74
2012	64.51	59.42	−7.89				

备注:①Y 为甘蔗当年实际单产;Y' 为通过模型一自回归预测的甘蔗当年实际单产;预测误差$=(Y'-Y)\div Y\times 100\%$。

②查阅并分析 2007 年的按月按日的各项气象数据均无异常,也未发现当年病虫害大暴发,与统计年鉴中的单产数据一致,初步分析可能是原始单产数据有误,过低。

5. 对钦州市甘蔗当年实际单产预测模型(模型一)关键指标的说明

(1)钦州市甘蔗当年实际单产与当年 7 月 1 日—8 月 31 日每日日照时数的平均值(X_1,h)呈负相关,此阶段为甘蔗伸长期,日照时数过多不利于甘蔗幼苗健壮生长。

(2)钦州市甘蔗当年实际单产与当年 7 月 27 日—8 月 31 日每日平均温度的平均值(X_2,℃)呈负相关,此阶段为甘蔗伸长期,温度过高不利于甘蔗幼苗健壮生长。

(3)钦州市甘蔗当年实际单产与当年 7 月 27 日—8 月 31 日每日降水量的平均值(X_3,mm)呈正相关,此阶段为甘蔗伸长期,降水量多有利于甘蔗旺盛生长。

第二节　钦州市甘蔗当年实际单产预测模型(模型二)

1. 影响钦州市甘蔗当年实际气象单产的关键指标

影响钦州市甘蔗当年实际气象单产的关键指标见表 8-4,关键指标数据见表 8-5。

表 8-4　影响钦州市甘蔗当年实际气象单产的关键指标

变量和单位	定义	与当年实际气象单产的关系
X_1/h	当年 7 月 1—31 日每日日照时数的平均值	负相关
X_2/mm	当年 7 月 27 日—8 月 31 日每日降水量的平均值	正相关

表 8-5　影响钦州市甘蔗当年实际气象单产的关键指标数据

年份	X_1/h	X_2/mm	$Y/(t/hm^2)$	年份	X_1/h	X_2/mm	$Y/(t/hm^2)$
2005	7.98	10.98	6.57	2013	5.91	14.86	−0.01
2006	5.51	11.43	9.68	2014	6.41	11.08	1.78
2007	8.40	8.95	−14.46	2015	4.82	21.94	2.19
2008	4.88	19.60	6.58	2016	6.34	12.53	2.03
2009	6.84	4.17	−13.12	2017	4.90	18.52	2.34
2010	8.21	9.46	−4.10	2018	4.99	13.83	0.66
2011	7.96	6.20	−3.37	2019	4.18	15.41	0.07
2012	7.48	10.90	−0.23				

注:Y 为甘蔗当年实际气象单产。

2. 钦州市甘蔗当年实际气象单产与单一关键指标关系模型

对表 8-5 中影响钦州市甘蔗当年实际气象单产的 2 个关键指标与钦州市甘蔗当年实际气象单产关系绘制散点图,结果分别见图 8-4 和图 8-5。

图 8-4 说明:钦州市甘蔗当年实际气象单产与当年 7 月 1—31 日每日日照时数的平均值(X_1)呈负相关关系;甘蔗当年实际气象单产随 X_1 的增加而降低;回归方程为 $Y=-2.2206\times X_1+13.7698$,$r=-0.504$($n=15$,$r_{0.10}=0.441$,$r_{0.05}=0.514$,$r_{0.01}=0.641$)。

图 8-5 说明:钦州市甘蔗当年实际气象单产与当年 7 月 27 日—8 月 31 日每日降水量的平均值(X_2)呈正相关关系;甘蔗当年实际气象单产随 X_2 的增加而增加;回归方程为 $Y=0.6666\times X_2-8.2191$,$r=0.505$($n=15$,$r_{0.10}=0.441$,$r_{0.05}=0.514$,$r_{0.01}=0.641$)。

3. 钦州市甘蔗当年实际气象单产预测模型

基于表 8-5 中的两个关键气象因子建立综合预测模型:对钦州市 15 年已知甘蔗当年实际气象单产(Y)与表 8-5 中的 X_1、X_2 进行二元回归,得到预测模型:$Y=-4.2550-0.6290\times X_1+0.6323\times X_2$,$r=0.577^{*}$($n=15$,$r_{0.05}=0.532$,$r_{0.01}=0.661$)。

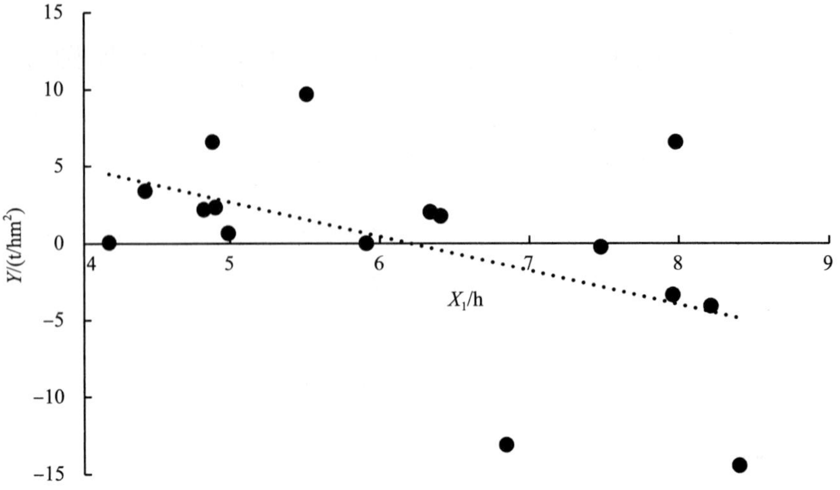

图 8-4　钦州市甘蔗当年实际气象单产 Y 与 X_1 的关系

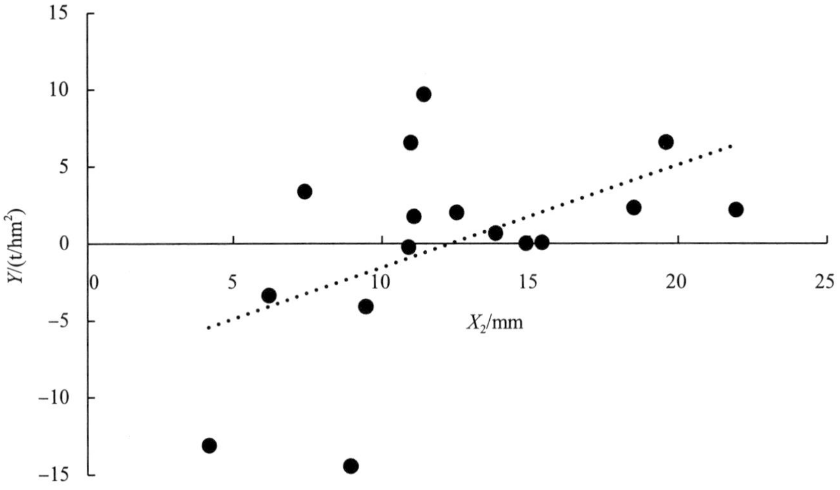

图 8-5　钦州市甘蔗当年实际气象单产 Y 与 X_2 的关系

4. 钦州市甘蔗当年实际单产预测模型(模型二)自回归误差分析

表 8-6 表明:钦州市甘蔗当年实际单产预测模型自回归误差有 11 年在 10%以下,有 4 年在 10%以上,模型自回归预测误差低于 10%的比例为 73.3%,模型二不合格。

表 8-6　钦州市甘蔗当年实际单产预测模型自回归结果　　t/hm²

年份	Y	$Y'_{(1)}$	$Y'_{(2)}$	$Y'_{(3)}$	$Y'_{(4)}$	预测误差/%
2005	6.57	−2.33	56.93	54.60	63.50	−14.02
2006	9.68	−0.50	58.05	57.55	67.73	−15.03
2007	−14.46	−3.88	59.16	55.29	44.71	23.66
2008	6.58	5.07	60.28	65.35	66.86	−2.26

续表 8-6

年份	Y	$Y'_{(1)}$	$Y'_{(2)}$	$Y'_{(3)}$	$Y'_{(4)}$	预测误差/%
2009	−13.12	−5.92	61.40	55.47	48.28	14.89
2010	−4.10	−3.44	62.51	59.08	58.42	1.13
2011	−3.37	−5.34	63.63	58.29	60.26	−3.27
2012	−0.23	−2.07	64.74	62.68	64.51	−2.84
2013	−0.01	1.42	65.86	67.28	65.85	2.17
2014	1.78	−1.28	66.98	65.70	68.75	−4.44
2015	2.19	6.59	68.09	74.68	70.28	6.26
2016	2.03	−0.32	69.21	68.89	71.24	−3.30
2017	2.34	4.37	70.32	74.70	72.66	2.81
2018	0.66	1.35	71.44	72.79	72.10	0.96
2019	0.07	2.86	72.56	75.42	72.62	3.86

注：Y 为当年实际气象单产，是以当年实际单产 Y 为纵坐标、以具体年为横坐标的回归方程回归值被当年实际单产 Y 减去所获得，其为正值时表示当年气象条件的单产好于多年平均气象条件的单产，其为负值时表示当年气象条件的单产劣于多年平均气象条件的单产，其为零时表示当年气象条件的单产等于多年平均气象条件的单产；$Y'_{(1)}$ 为通过模型二自回归预测的当年实际气象单产；$Y'_{(2)}$ 为当年实际单产与年份之间的回归方程回归值，也称当年平均气象条件单产；$Y'_{(3)}$ 为当年实际气象单产与当年平均气象条件单产之和，也称为当年单产预测值；$Y'_{(4)}$ 为当年实际单产；预测误差$=(Y'_{(3)}-Y'_{(4)})\div Y'_{(4)}\times 100\%$。

5. 对钦州市甘蔗当年实际单产预测模型（模型二）关键指标的说明

（1）钦州市当年实际气象单产与当年 7 月 1—31 日每日日照时数的平均值（X_1，h）呈负相关，此阶段为甘蔗伸长期，日照时数过多不利于甘蔗健壮生长。

（2）钦州市当年实际气象单产与当年 7 月 27 日—8 月 31 日每日降水量的平均值（X_2，mm）呈正相关，此阶段为甘蔗伸长期，降水量多有利于甘蔗健壮生长。

第三节 有关钦州市甘蔗当年实际单产预测模型（模型一和模型二）的讨论

模型关键指标比较：①模型一与模型二使用了相同的关键指标“当年 7 月 1 日—8 月 31 日每日日照时数的平均值（负相关）”和“当年 7 月 27 日—8 月 31 日每日降水量的平均值（正相关）”。②模型一的关键指标为 3 个，模型二的关键指标为 2 个。

模型相关系数比较：模型一为三元回归，模型二为二元回归，模型一相关系数是 0.822，模型二相关系数为 0.577。

模型误差比较：模型一合格率为 93.3%；模型二合格率为 73.3%，模型二不合格。

通过以上比较分析，说明模型一合格，模型二不合格。

第四节 钦州市甘蔗当年实际单产预测模型(模型一和模型二)的验证

表 8-7 和表 8-8 为模型一和模型二的验证结果，验证结果为模型一合格，模型二合格。取两个模型预测结果的平均值，可以降低单一模型预测误差较大的风险，预测误差 2020 年、2021 年分别为－4.73%、－5.06%，预测结果为合格。考虑模型二自回归分析"不合格"，建议实际单产预测中使用模型一。

表 8-7 钦州市甘蔗当年实际单产预测模型验证(模型一) t/hm^2

年份	Y	Y'	预测误差/%	年份	Y	Y'	预测误差/%
2020	72.62	67.61	－6.90	2021	72.84	66.49	－8.72

表 8-8 钦州市甘蔗当年实际单产预测模型验证(模型二) t/hm^2

年份	Y	$Y'_{(1)}$	$Y'_{(2)}$	$Y'_{(3)}$	$Y'_{(4)}$	预测误差/%
2020	－1.05	－2.90	73.67	70.77	72.62	－2.55
2021	－1.95	－2.96	74.79	71.83	72.84	－1.39

第九章　防城港市甘蔗单产预测模型研究

第一节　防城港市甘蔗当年实际单产预测模型(模型一)

1. 影响防城港市甘蔗当年实际单产的关键指标

影响防城港市甘蔗当年实际单产的关键指标见表 9-1，关键指标数据见表 9-2。

表 9-1　影响防城港市甘蔗当年实际单产的关键指标

变量和单位	定义	与当年实际单产的关系
$X_1/(t/hm^2)$	去年实际单产	正相关
X_2/h	当年 7 月 6—31 日每日日照时数的平均值	—

表 9-2　影响防城港市甘蔗当年实际单产的关键指标数据

年份	$X_1/(t/hm^2)$	X_2/h	$Y/(t/hm^2)$	年份	$X_1/(t/hm^2)$	X_2/h	$Y/(t/hm^2)$
2005	71.47	5.57	72.42	2013	72.62	4.75	72.41
2006	72.42	4.57	87.40	2014	72.41	5.09	63.41
2007	87.40	6.17	87.55	2015	63.41	4.12	66.16
2008	87.55	5.04	74.08	2016	66.16	5.55	66.39
2009	74.08	5.27	73.79	2019	66.39	4.78	76.46
2010	73.79	5.33	69.61	2020	76.46	6.28	79.39
2011	69.61	5.23	70.74	2021	79.39	5.59	79.27
2012	70.74	5.11	72.62				

注：Y 为甘蔗当年实际单产。

2. 防城港市甘蔗当年实际单产与单一关键指标关系模型

对表 9-2 中影响防城港市甘蔗当年实际单产的 2 个关键指标与防城港市甘蔗当年实际单产关系绘制散点图，结果分别见图 9-1 和图 9-2。

图 9-1 说明：防城港市甘蔗当年实际单产与去年实际单产(X_1)呈显著正相关关系；甘蔗当年实际单产随 X_1 的增加而增加；回归方程为 $Y=-0.010\ 2\times X_1^2+2.105\ 1\times X_1-25.252\ 0$，$r=0.549^*$ ($n=15$，$r_{0.05}=0.514$，$r_{0.01}=0.641$)。

图 9-2 说明：防城港市甘蔗当年实际单产与当年 7 月 6—31 日每日日照时数的平均值(X_2)呈相关关系；回归方程为 $Y=4.948\ 1\times X_2^2-48.029\ 4\times X_2+188.473\ 3$，$r=0.437$($n=15$，$r_{0.10}=0.441$，$r_{0.05}=0.514$，$r_{0.01}=0.641$)。

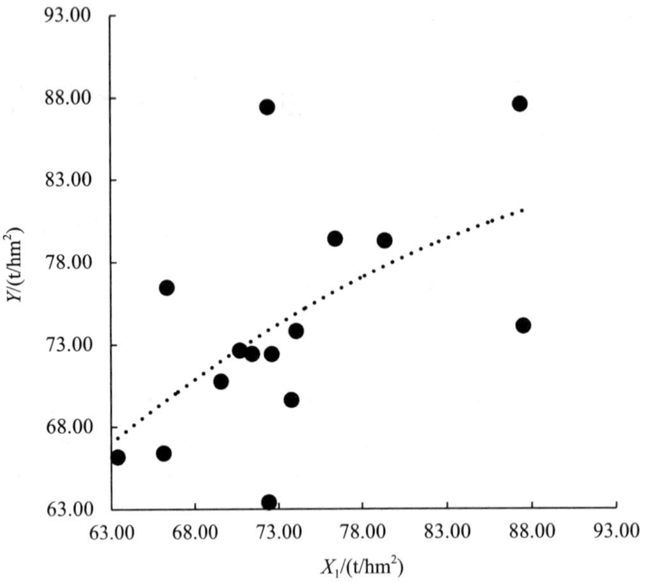

图 9-1　防城港市甘蔗当年实际单产 Y 与 X_1 的关系

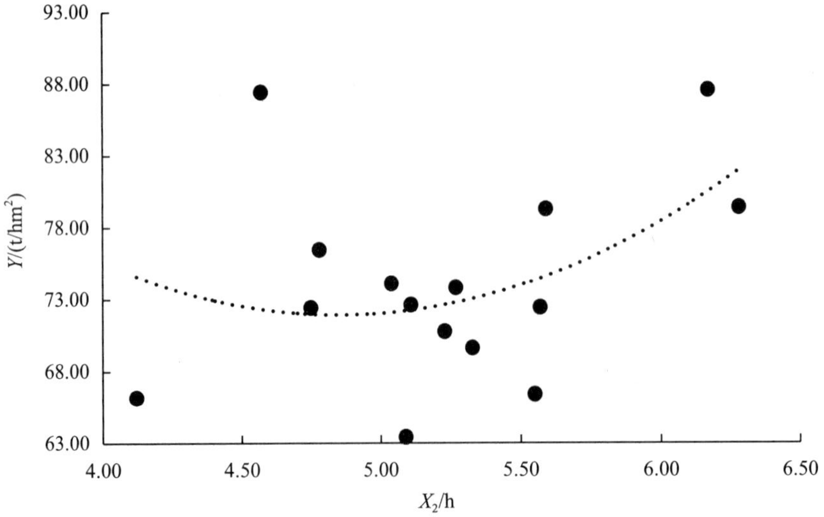

图 9-2　防城港市甘蔗当年实际单产 Y 与 X_2 的关系

3. 防城港市甘蔗当年实际单产预测模型(模型一)

基于表 9-2 中的两个关键指标组合的综合预测模型：对防城港市 15 年已知甘蔗当年实际单产(Y)与表 9-2 中的 X_1、X_2 进行二元回归，得到预测模型：$Y=32.0645+0.5243\times X_1+0.6627\times X_2$，$r=0.545^*$ ($n=15$，$r_{0.05}=0.532$，$r_{0.01}=0.661$)。

4. 防城港市甘蔗当年实际单产预测模型(模型一)自回归误差分析

表 9-3 表明：防城港市甘蔗当年实际单产预测模型自回归误差有 13 年在 10%以下，有 2 年在 10%以上，模型自回归预测误差低于 10%的比例为 86.7%，模型一合格。

表 9-3　防城港市甘蔗当年实际单产预测模型自回归结果　　t/hm²

年份	Y	Y'	预测误差/%	年份	Y	Y'	预测误差/%
2005	72.42	73.23	1.12	2013	72.41	73.28	1.20
2006	87.40	73.06	−16.41	2014	63.41	73.40	15.75
2007	87.55	81.98	−6.36	2015	66.16	68.04	2.84
2008	74.08	81.30	9.75	2016	66.39	70.43	6.09
2009	73.79	74.39	0.81	2019	76.46	70.04	−8.40
2010	69.61	74.28	6.71	2020	79.39	76.31	−3.88
2011	70.74	72.03	1.82	2021	79.27	77.39	−2.37
2012	72.62	72.54	−0.11				

注:Y 为甘蔗当年实际单产;Y' 为通过模型一自回归预测的甘蔗当年实际单产;预测误差 $=(Y'-Y)\div Y\times 100\%$。

5. 对防城港市甘蔗当年实际单产预测模型(模型一)关键指标的说明

防城港市甘蔗当年实际单产:与当年 7 月 6—31 日每日日照时数的平均值(X_2,h)呈弱的正相关,此阶段为甘蔗伸长期,日照时数多有利于甘蔗旺盛生长。

第二节　防城港市甘蔗当年实际单产预测模型(模型二)

1. 影响防城港市甘蔗当年实际气象单产的关键指标

影响防城港市甘蔗当年实际气象单产的关键指标见表 9-4,关键指标数据见表 9-5。

表 9-4　影响防城港市甘蔗当年实际气象单产的关键指标

变量和单位	定义	与当年实际气象单产的关系
X_1/(t/hm²)	去年实际气象单产	正相关
X_2/℃	当年 7 月 6—31 日每日平均温度的平均值	正相关

表 9-5　影响防城港市甘蔗当年实际气象单产的关键指标数据

年份	X_1/(t/hm²)	X_2/℃	Y/(t/hm²)	年份	X_1/(t/hm²)	X_2/℃	Y/(t/hm²)
2005	−5.97	28.05	−4.41	2013	0.04	27.12	0.44
2006	−4.41	27.98	11.18	2014	0.44	28.03	−7.95
2007	11.18	28.53	11.93	2015	−7.95	27.17	−4.59
2008	11.93	27.46	−0.93	2016	−4.59	28.55	−3.76
2009	−0.93	28.08	−0.61	2019	−3.76	28.43	8.14
2010	−0.61	28.44	−4.18	2020	8.14	29.25	11.68
2011	−4.18	28.12	−2.44	2021	11.68	28.60	12.17
2012	−2.44	27.99	0.04				

注:Y 为甘蔗当年实际气象单产。

2. 防城港市甘蔗当年实际气象单产与单一关键指标关系模型

对表 9-5 中影响防城港市甘蔗当年实际气象单产的 2 个关键指标与防城港市甘蔗当年实际气象单产关系绘制散点图，结果分别见图 9-3 和图 9-4。

图 9-3 说明：防城港市甘蔗当年实际气象单产与去年实际气象单产（X_1）呈显著正相关关系；甘蔗当年实际气象单产随 X_1 的增加而增加；回归方程为 $Y=0.020\ 0\times X_1^2+0.431\ 9\times X_1+0.670\ 1$，$r=0.531^*$（$n=15$，$r_{0.05}=0.514$，$r_{0.01}=0.641$）。

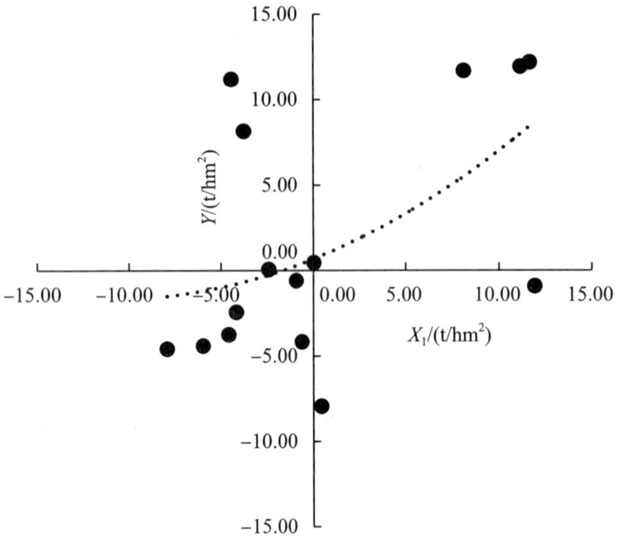

图 9-3　防城港市甘蔗当年实际气象单产 Y 与 X_1 的关系

图 9-4 说明：防城港市甘蔗当年实际气象单产与当年 7 月 6—31 日每日平均温度的平均值（X_2）呈显著正相关关系；甘蔗当年实际气象单产随 X_2 的增加而增加；回归方程为 $Y=4.086\ 2\times X_2^2-223.268\ 1\times X_2+3\ 047.747\ 5$，$r=0.543^*$（$n=15$，$r_{0.05}=0.514$，$r_{0.01}=0.641$）。

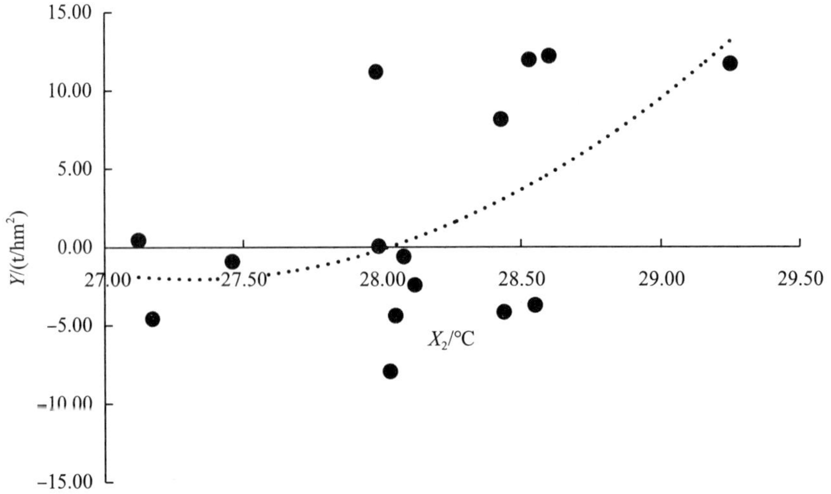

图 9-4　防城港市甘蔗当年实际气象单产 Y 与 X_2 的关系

3. 防城港市甘蔗当年实际气象单产预测模型

基于表9-5中的两个关键气象因子建立综合预测模型：对防城港市15年已知甘蔗当年实际气象单产(Y)与使用表9-5中的X_1、X_2进行二元回归，得到预测模型：$Y=-126.0610+0.4303\times X_1+4.5376\times X_2$，$r=0.623^*$($n=15$，$r_{0.05}=0.532$，$r_{0.01}=0.661$)。

4. 防城港市甘蔗当年实际单产预测模型(模型二)自回归误差分析

表9-6表明：防城港市甘蔗当年实际单产预测模型自回归误差有13年在10%以下，有2年在10%以上，模型自回归预测误差低于10%的比例为86.7%，模型二合格。

表9-6　防城港市甘蔗当年实际单产预测模型自回归结果　　t/hm^2

年份	Y	$Y'_{(1)}$	$Y'_{(2)}$	$Y'_{(3)}$	$Y'_{(4)}$	预测误差/%
2005	−4.41	−1.35	76.83	75.48	72.42	4.23
2006	11.18	−1.00	76.23	75.23	87.40	−13.92
2007	11.93	8.20	75.62	83.82	87.55	−4.26
2008	−0.93	3.67	75.01	78.68	74.08	6.21
2009	−0.61	0.95	74.40	75.35	73.79	2.11
2010	−4.18	2.72	73.79	76.52	69.61	9.93
2011	−2.44	−0.27	73.19	72.92	70.74	3.08
2012	0.04	−0.11	72.58	72.47	72.62	−0.21
2013	0.44	−2.99	71.97	68.98	72.41	−4.74
2014	−7.95	1.32	71.36	72.68	63.41	14.62
2015	−4.59	−6.20	70.75	64.56	66.16	−2.42
2016	3.76	1.51	70.15	71.66	66.39	7.94
2019	8.14	1.33	68.32	69.65	76.46	−8.91
2020	11.68	10.17	67.71	77.88	79.39	−1.90
2021	12.17	8.74	67.11	75.84	79.27	−4.33

注：Y为当年实际气象单产，是以当年实际单产Y为纵坐标、以具体年为横坐标的回归方程回归值被当年实际单产Y减去所获得，其为正值时表示当年气象条件的单产好于多年平均气象条件的单产，其为负值时表示当年气象条件的单产劣于多年平均气象条件的单产，其为零时表示当年气象条件的单产等于多年平均气象条件的单产；$Y'_{(1)}$为通过模型二自回归预测的当年实际气象单产；$Y'_{(2)}$为当年实际单产与年份之间的回归方程回归值，也称当年平均气象条件单产；$Y'_{(3)}$为当年实际气象单产与当年平均气象条件单产之和，也称为当年单产预测值；$Y'_{(4)}$为当年实际单产；预测误差$=(Y'_{(3)}-Y'_{(4)})\div Y'_{(4)}\times 100\%$。

5. 对防城港市甘蔗当年实际单产预测模型(模型二)关键指标的说明

防城港市当年实际气象单产：与当年7月6—31日每日平均温度的平均值(X_2，℃)呈正相关，此阶段为甘蔗伸长期，温度高有利于甘蔗旺盛生长。

第三节　有关防城港市甘蔗当年实际单产预测模型（模型一和模型二）的讨论

模型关键指标比较：模型一与模型二均有 2 个关键指标，但关键指标不相同。

模型相关系数比较：模型一和模型二均为二元回归，相关系数分别为 0.545、0.623。

模型误差比较：模型一合格率为 86.7%；模型二合格率为 86.7%。

通过以上比较分析，说明两个模型均合格。

第四节　防城港市甘蔗当年实际单产预测模型（模型一和模型二）的验证

表 9-7 和表 9-8 为模型一和模型二的验证结果，验证结果为模型一合格，模型二合格。取两个模型预测结果的平均值，可以降低单一模型预测误差较大的风险，预测误差 2017 年、2018 年分别为−1.26%、−5.72%，预测结果为合格。

表 9-7　防城港市甘蔗当年实际单产预测模型验证（模型一）　t/hm^2

年份	Y	Y'	预测误差/%	年份	Y	Y'	预测误差/%
2017	69.27	69.92	0.94	2018	72.32	70.88	−1.99

表 9-8　防城港市甘蔗当年实际单产预测模型验证（模型二）　t/hm^2

年份	Y	$Y'_{(1)}$	$Y'_{(2)}$	$Y'_{(3)}$	$Y'_{(4)}$	预测误差/%
2017	−0.27	−2.67	69.54	66.87	69.27	−3.46
2018	3.39	−3.44	68.93	65.49	72.32	−9.44

第十章　北海市甘蔗单产预测模型研究

第一节　北海市甘蔗当年实际单产预测模型(模型一)

1. 影响北海市甘蔗当年实际单产的关键指标

影响北海市甘蔗当年实际单产的关键指标见表10-1,关键指标数据见表10-2。

表10-1　影响北海市甘蔗当年实际单产的关键指标

变量和单位	定义	与当年实际单产的关系
X_1/(t/hm^2)	去年实际单产	正相关
X_2/℃	当年3月1—31日每日最低温度的平均值	正相关
X_3/℃	当年6月1日—7月5日每日最高温度的平均值	正相关
X_4/℃	当年7月1日—8月5日每日最低温度的平均值	正相关
X_5/h	当年8月1日—9月5日每日日照时数的平均值	负相关
X_6/℃	当年8月6日—9月30日每日平均温度的平均值	正相关

表10-2　影响北海市甘蔗当年实际单产的关键指标数据

年份	X_1/(t/hm^2)	X_2/℃	X_3/℃	X_4/℃	X_5/h	X_6/℃	Y/(t/hm^2)
2005	64.69	8.10	33.50	23.60	6.16	28.04	68.05
2006	68.05	7.10	34.20	23.50	6.50	27.27	67.86
2007	67.86	8.90	33.40	23.10	5.47	27.52	69.41
2008	69.41	7.40	33.40	23.50	5.96	27.93	67.44
2009	67.44	9.70	33.30	23.40	7.16	28.43	70.71
2010	70.71	8.30	33.70	23.60	7.06	28.06	72.30
2011	72.30	8.00	35.00	23.60	7.72	28.18	72.45
2012	72.45	8.50	35.30	23.70	5.96	27.91	72.87
2013	72.87	9.10	34.60	24.20	5.39	27.76	74.84
2014	74.84	11.90	35.40	24.50	6.53	28.27	71.69
2015	71.69	11.70	35.40	23.70	5.82	28.81	75.06
2016	75.06	9.20	35.20	23.80	5.53	28.50	76.58
2017	76.58	13.80	35.30	24.30	6.48	29.12	80.63
2018	80.63	10.40	36.10	24.60	4.95	28.25	81.49
2019	81.49	12.80	36.10	23.90	4.29	28.99	83.95

注:Y为甘蔗当年实际单产。

2. 北海市甘蔗当年实际单产与单一关键指标关系模型

对表 10-2 中影响北海市甘蔗当年实际单产的 6 个关键指标与北海市甘蔗当年实际单产关系绘制散点图，结果分别见图 10-1 至图 10-6。

图 10-1 说明：北海市甘蔗当年实际单产与去年实际单产（X_1）呈极显著正相关关系；甘蔗当年实际单产随 X_1 的增加而增加；回归方程为 $Y=0.9876\times X_1+2.1830$，$r=0.919^{**}$（$n=15$，$r_{0.05}=0.514$，$r_{0.01}=0.641$）。

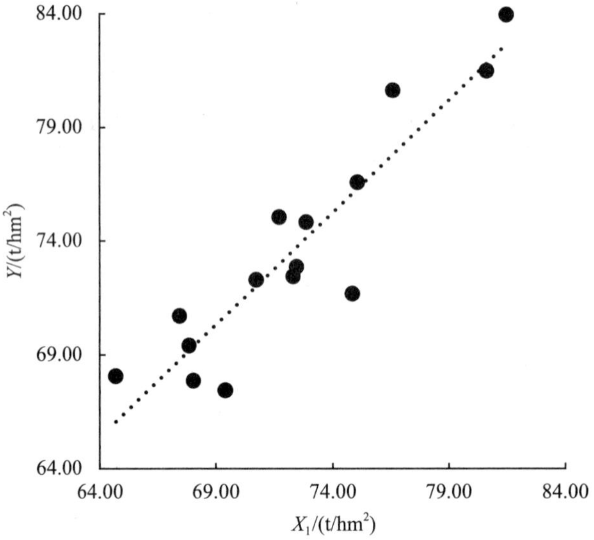

图 10-1　北海市甘蔗当年实际单产 Y 与 X_1 的关系

图 10-2 说明：北海市甘蔗当年实际单产与当年 3 月 1—31 日每日最低温度的平均值（X_2）呈极显著正相关关系；甘蔗当年实际单产随 X_2 的增加而增加；回归方程为 $Y=1.8832\times X_2+55.4961$，$r=0.748^{**}$（$n=15$，$r_{0.05}=0.514$，$r_{0.01}=0.641$）。

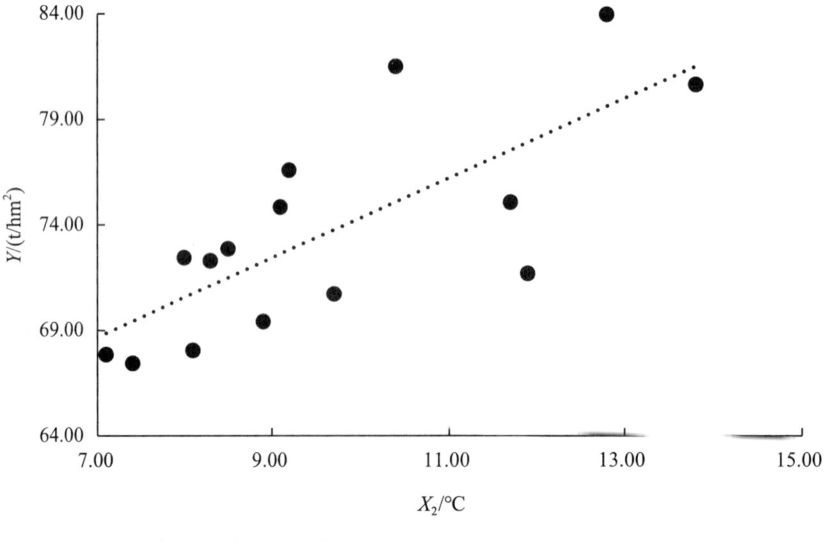

图 10-2　北海市甘蔗当年实际单产 Y 与 X_2 的关系

图 10-3 说明：北海市甘蔗当年实际单产与当年 6 月 1 日—7 月 5 日每日最高温度的平均值(X_3)呈极显著正相关关系；甘蔗当年实际单产随 X_3 的增加而增加；回归方程为 $Y=4.180\ 2\times X_3-71.197\ 7$，$r=0.817^{**}$($n=15$，$r_{0.05}=0.514$，$r_{0.01}=0.641$)。

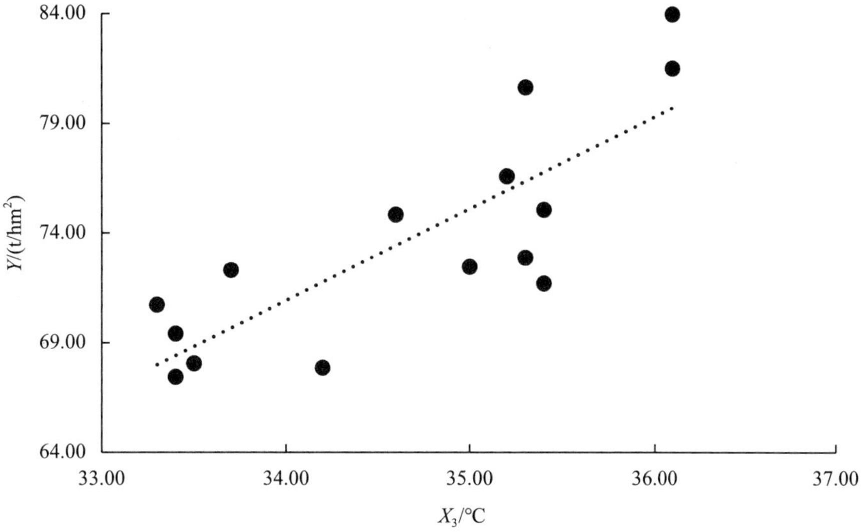

图 10-3　北海市甘蔗当年实际单产 Y 与 X_3 的关系

图 10-4 说明：北海市甘蔗当年实际单产与当年 7 月 1 日—8 月 5 日每日最低温度的平均值(X_4)呈显著正相关关系；甘蔗当年实际单产随 X_4 的增加而增加；回归方程为 $Y=7.623\ 6\times X_4-107.754\ 4$，$r=0.632^{*}$($n=15$，$r_{0.05}=0.514$，$r_{0.01}=0.641$)。

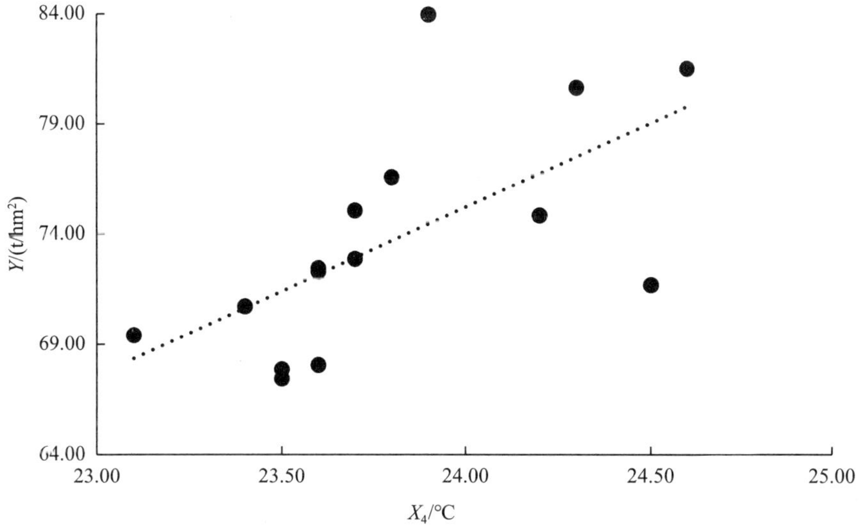

图 10-4　北海市甘蔗当年实际单产 Y 与 X_4 的关系

图 10-5 说明：北海市甘蔗当年实际单产与当年 8 月 1 日—9 月 5 日每日日照时数的平均值(X_5)呈显著负相关关系；甘蔗当年实际单产随 X_5 的增加而降低；回归方程为 $Y=-3.076\ 9\times X_5+92.350\ 2$，$r=-0.535^{*}$($n=15$，$r_{0.05}=0.514$，$r_{0.01}=0.641$)。

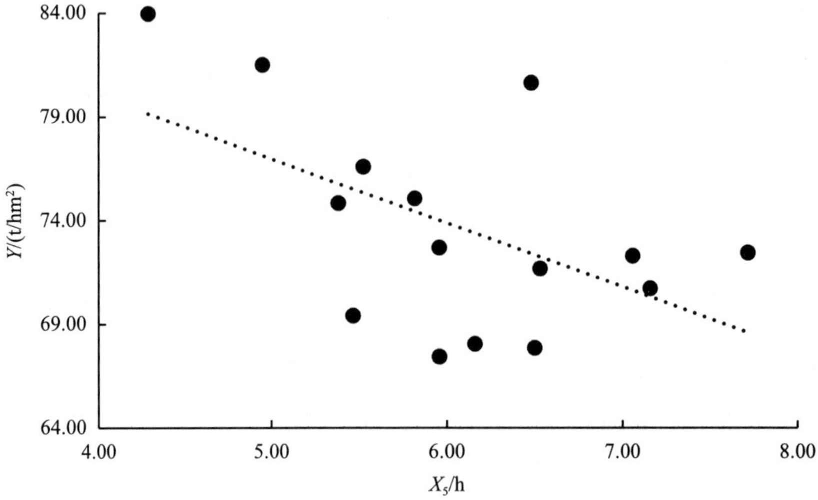

图 10-5　北海市甘蔗当年实际单产 Y 与 X_5 的关系

图 10-6 说明：北海市甘蔗当年实际单产与当年 8 月 6 日—9 月 30 日每日平均温度的平均值(X_6)呈极显著正相关关系；甘蔗当年实际单产随 X_6 的增加而增加；回归方程为 $Y=7.169\,6\times X_6-128.513\,0$，$r=0.722^{**}$ ($n=15$，$r_{0.05}=0.514$，$r_{0.01}=0.641$)。

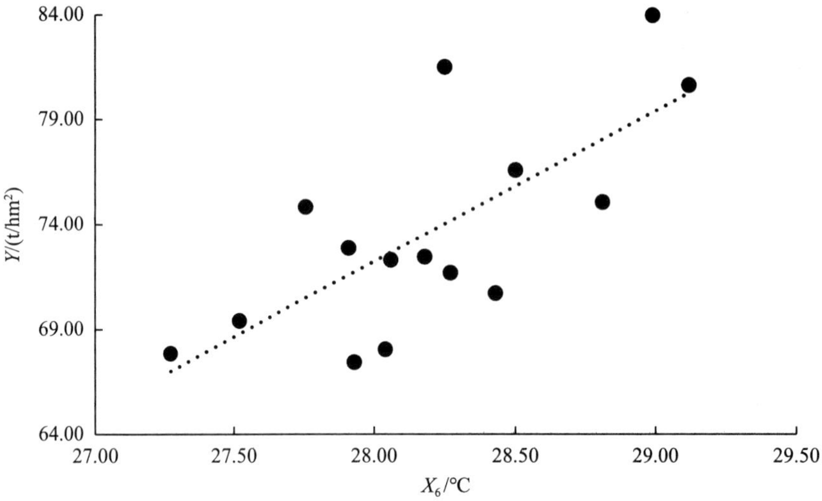

图 10-6　北海市甘蔗当年实际单产 Y 与 X_6 的关系

3. 北海市甘蔗当年实际单产预测模型(模型一)

基于表 10-2 中的 6 个关键指标建立综合预测模型：对北海市 15 年已知甘蔗当年实际单产(Y)与表 10-2 中的 X_1、X_2、X_3、X_4、X_5、X_6 进行六元回归，得到预测模型：$Y=-41.606\,6+0.753\,1\times X_1+0.090\,0\times X_2-0.020\,5\times X_3-0.646\,6\times X_4-0.765\,1\times X_5+2.859\,2\times X_6$，$r=0.955^{**}$ ($n=15$，$r_{0.05}=0.632$，$r_{0.01}=0.765$)。

4. 北海市甘蔗当年实际单产预测模型(模型一)自回归误差分析

表 10-3 表明：北海市甘蔗当年实际单产预测模型自回归误差 15 年全部在 10%以下，模型自

回归预测误差低于10%的比例为100%，模型一合格。

表 10-3　北海市甘蔗当年实际单产预测模型自回归结果　　t/hm^2

年份	Y	Y'	预测误差/%	年份	Y	Y'	预测误差/%
2005	68.05	67.35	−1.03	2013	74.84	72.98	−2.49
2006	67.86	67.38	−0.71	2014	71.69	75.09	4.74
2007	69.41	69.18	−0.33	2015	75.06	75.31	0.33
2008	67.44	70.75	4.91	2016	76.58	76.90	0.42
2009	70.71	70.05	−0.93	2017	80.63	79.18	−1.80
2010	72.30	71.27	−1.42	2018	81.49	80.39	−1.35
2011	72.45	72.25	−0.28	2019	83.95	84.33	0.45
2012	72.87	72.91	0.05				

注：Y为甘蔗当年实际单产；Y'为通过模型一自回归预测的甘蔗当年实际单产；预测误差$=(Y'-Y)\div Y\times 100\%$。

5. 对北海市甘蔗当年实际单产预测模型(模型一)关键指标的讨论

(1)北海市甘蔗当年实际单产与当年3月1—31日每日最低温度的平均值(X_2,℃)呈正相关，此阶段为甘蔗萌芽期，温度高有利于甘蔗萌芽。

(2)北海市甘蔗当年实际单产与当年6月1日—7月5日每日最高温度的平均值(X_3,℃)呈正相关，此阶段为甘蔗分蘖期，温度高有利于甘蔗有效分蘖。

(3)北海市甘蔗当年实际单产与当年7月1日—8月5日每日最低温度的平均值(X_4,℃)呈正相关，此阶段为甘蔗伸长期，温度高有利于甘蔗健壮生长。

(4)北海市甘蔗当年实际单产与当年8月1日—9月5日每日日照时数的平均值(X_5,h)呈负相关，此阶段为甘蔗伸长期，日照时数过多不利于甘蔗健壮生长。

(5)北海市甘蔗当年实际单产与当年8月6日—9月30日每日平均温度的平均值(X_6,℃)呈正相关，此阶段为甘蔗伸长期，温度高有利于甘蔗健壮生长。

第二节　北海市甘蔗当年实际单产预测模型(模型二)

1. 影响北海市甘蔗当年实际气象单产的关键指标

影响北海市甘蔗当年实际气象单产的关键指标见表10-4，关键指标数据见表10-5。

表 10-4　影响北海市甘蔗当年实际气象单产的关键指标

变量和单位	定义	与当年实际气象单产的关系
X_1/mm	当年6月1—25日每日降水量的平均值	负相关
X_2/h	当年10月6—31日每日日照时数的平均值	负相关

表 10-5　影响北海市甘蔗当年实际气象单产的关键指标数据

年份	X_1/mm	X_2/h	Y/(t/hm²)	年份	X_1/mm	X_2/h	Y/(t/hm²)
2005	13.30	16.9	1.95	2013	10.32	15.6	0.09
2006	0.80	19.8	0.68	2014	18.39	20.8	−4.14
2007	7.16	18.0	1.15	2015	11.56	18.1	−1.85
2008	26.50	20.4	−1.91	2016	5.92	19.1	−1.41
2009	1.37	20.4	0.29	2017	11.78	16.5	1.56
2010	6.35	14.0	0.79	2018	2.88	19.1	1.34
2011	9.56	17.8	−0.14	2019	4.80	17.8	2.72
2012	13.65	18.9	−0.80				

注:Y 为甘蔗当年实际气象单产。

2. 北海市甘蔗当年实际气象单产与单一关键指标关系模型

对表 10-5 中影响北海市甘蔗当年实际气象单产的 2 个关键指标与北海市甘蔗当年实际气象单产关系绘制散点图,结果分别见图 10-7 和图 10-8。

图 10-7 说明:北海市甘蔗当年实际气象单产与当年 6 月 1—25 日每日降水量的平均值(X_1)呈显著负相关关系;甘蔗当年实际气象单产随 X_1 的增加而降低;回归方程为 $Y=-0.003\,6\times X_1^2-0.041\,6\times X_1+0.843\,3$,$r=-0.519^*$($n=15$,$r_{0.05}=0.514$,$r_{0.01}=0.641$)。

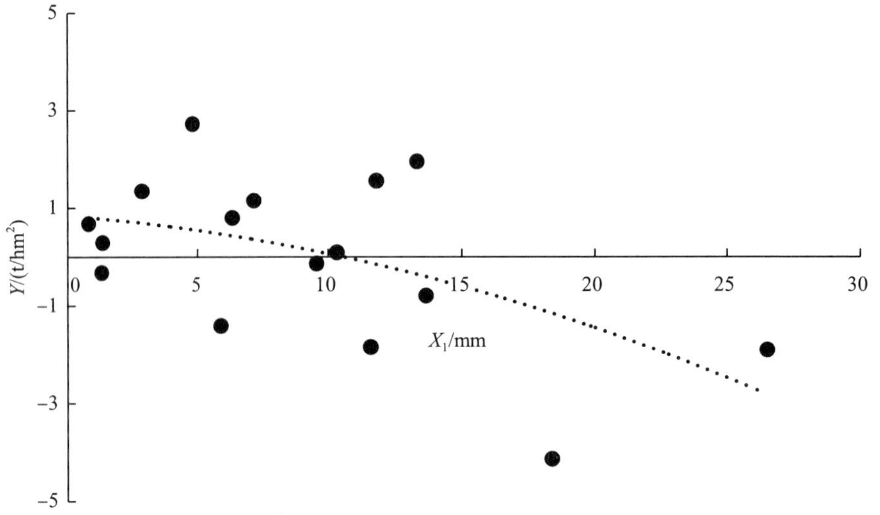

图 10-7　北海市甘蔗当年实际气象单产 Y 与 X_1 的关系

图 10-8 说明:北海市甘蔗当年实际气象单产与当年 10 月 6—31 日每日日照时数的平均值(X_2)呈极显著负相关关系;甘蔗当年实际气象单产随 X_2 的增加而降低;回归方程为 $Y=0.168\,1\times X_2^2-3.873\,5\times X_2+17.551\,9$,$r=-0.656^{**}$($n=15$,$r_{0.05}=0.514$,$r_{0.01}=0.641$)。

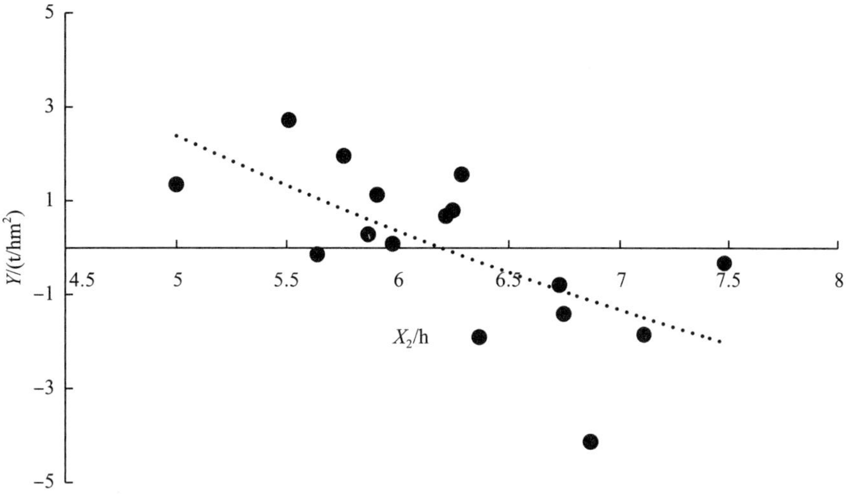

图 10-8　北海市甘蔗当年实际气象单产 Y 与 X_2 的关系

3. 北海市甘蔗当年实际气象单产预测模型

基于表 10-5 中的两个关键气象因子建立综合预测模型：对北海市 15 年已知甘蔗当年实际气象单产(Y)与使用表 10-5 中的 X_1、X_2 进行二元回归，得到预测模型：$Y=8.5687-0.1312\times X_1-0.3998\times X_2$，$r=0.701^{**}$ ($n=15$，$r_{0.05}=0.532$，$r_{0.01}=0.661$)。

4. 北海市甘蔗当年实际单产预测模型(模型二)自回归误差分析

表 10-6 表明：北海市甘蔗当年实际单产预测模型自回归误差 15 年全部在 10%以下，模型自回归预测误差低于 10%的比例为 100%，模型二合格。

表 10-6　北海市甘蔗当年实际单产预测模型自回归结果　　t/hm²

年份	Y	$Y'_{(1)}$	$Y'_{(2)}$	$Y'_{(3)}$	$Y'_{(4)}$	预测误差/%
2005	1.95	0.07	66.10	66.16	68.05	−2.78
2006	0.68	0.55	67.18	67.72	67.86	−0.21
2007	1.15	0.43	68.26	68.69	69.41	−1.04
2008	−1.91	−3.07	69.34	66.28	67.44	−1.72
2009	0.29	0.23	70.42	70.65	70.71	−0.08
2010	0.79	2.14	71.50	73.64	72.30	1.85
2011	−0.14	0.20	72.58	72.78	72.45	0.46
2012	−0.80	−0.78	73.67	72.88	72.87	0.01
2013	0.09	0.98	74.75	75.72	74.84	1.18
2014	−4.14	−2.16	75.83	73.67	71.69	2.76
2015	−1.85	−0.19	76.91	76.72	75.06	2.21

续表 10-6

年份	Y	$Y'_{(1)}$	$Y'_{(2)}$	$Y'_{(3)}$	$Y'_{(4)}$	预测误差/%
2016	−1.41	0.15	77.99	78.14	76.58	2.04
2017	1.56	0.42	79.07	79.49	80.63	−1.41
2018	1.34	0.55	80.15	80.70	81.49	−0.97
2019	2.72	0.82	81.23	82.05	83.95	−2.26

注：Y 为当年实际气象单产，是以当年实际单产 Y 为纵坐标、以具体年为横坐标的回归方程回归值被当年实际单产 Y 减去所获得，其为正值时表示当年气象条件的单产好于多年平均气象条件的单产，其为负值时表示当年气象条件的单产劣于多年平均气象条件的单产，其为零时表示当年气象条件的单产等于多年平均气象条件的单产；$Y'_{(1)}$ 为通过模型二自回归预测的当年实际气象单产；$Y'_{(2)}$ 为当年实际单产与年份之间的回归方程回归值，也称当年平均气象条件单产；$Y'_{(3)}$ 为当年实际气象单产与当年平均气象条件单产之和，也称为当年单产预测值；$Y'_{(4)}$ 为当年实际单产；预测误差＝$(Y'_{(3)}-Y'_{(4)})\div Y'_{(4)}\times 100\%$。

5. 对北海市甘蔗当年实际单产预测模型(模型二)关键指标的说明

(1)北海市当年实际气象单产与当年 6 月 1—25 日每日降水量的平均值(X_1，mm)呈负相关，此阶段为甘蔗分蘖期，降水量过多不利于甘蔗有效分蘖。

(2)北海市当年实际气象单产与当年 10 月 6—31 日每日日照时数的平均值(X_2，h)呈负相关，此阶段为甘蔗成熟期，日照时数过多不利于甘蔗糖分的积累。

第三节　有关北海市甘蔗当年实际单产预测模型(模型一和模型二)的讨论

模型关键指标比较：模型一的关键指标为 6 个，模型二的关键指标为 2 个。

模型相关系数比较：模型一是六元回归，模型二是二元回归，模型一的相关系数是 0.955，高于模型二的相关系数 0.701。

模型误差比较：模型一合格率为 100%；模型二合格率为 100%。

通过以上比较分析，说明两个模型均合格。

第四节　北海市甘蔗当年实际单产预测模型(模型一和模型二)的验证

表 10-7 和表 10-8 为模型一和模型二的验证结果，验证结果为模型一合格，模型二合格。取两个模型预测结果的平均值，可以降低单一模型预测误差较大的风险，预测误差 2020 年、2021 年分别为−2.34%、−3.41%，预测结果为合格。

表 10-7　北海市甘蔗当年实际单产预测模型验证(模型一)　　t/hm^2

年份	Y	Y'	预测误差/%	年份	Y	Y'	预测误差/%
2020	85.15	83.70	−1.70	2021	87.72	85.29	−2.77

表 10-8 北海市甘蔗当年实际单产预测模型验证(模型二) t/hm^2

年份	Y	$Y'_{(1)}$	$Y'_{(2)}$	$Y'_{(3)}$	$Y'_{(4)}$	预测误差/%
2020	2.83	0.30	82.31	82.61	85.15	−2.98
2021	4.32	0.78	83.39	84.17	87.72	−4.05

第十一章　贵港市甘蔗单产预测模型研究

第一节　贵港市甘蔗当年实际单产预测模型(模型一)

1. 影响贵港市甘蔗当年实际单产的关键指标

影响贵港市甘蔗当年实际单产的关键指标见表11-1,关键指标数据见表11-2。

表11-1　影响贵港市甘蔗当年实际单产的关键指标

变量和单位	定义	与当年实际单产的关系
$X_1/(t/hm^2)$	去年实际单产	正相关
$X_2/\%$	当年3月1日—4月5日每日相对湿度的平均值	正相关
$X_3/℃$	当年3月1—31日每日最低温度的平均值	正相关
$X_4/\%$	当年5月1日—6月5日每日相对湿度的平均值	正相关
$X_5/\%$	当年8月1—26日每日相对湿度的平均值	正相关
$X_6/\%$	当年10月1日—11月5日每日相对湿度的平均值	正相关

表11-2　影响贵港市甘蔗当年实际单产的关键指标数据

年份	$X_1/(t/hm^2)$	$X_2/\%$	$X_3/℃$	$X_4/\%$	$X_5/\%$	$X_6/\%$	$Y/(t/hm^2)$
2005	74.28	77.79	6.61	79.56	74.42	59.31	71.43
2006	71.43	80.98	5.98	78.88	79.65	58.67	73.27
2007	73.27	83.11	7.84	76.89	75.19	57.57	73.99
2008	73.99	76.53	7.25	79.14	79.55	71.81	77.04
2009	77.04	80.53	7.35	76.94	76.20	60.07	69.97
2010	69.97	74.21	6.97	79.75	77.32	64.28	62.90
2011	62.90	76.82	7.41	74.00	71.05	71.86	66.21
2012	66.21	80.04	9.12	81.28	78.14	66.26	72.00
2013	72.00	78.85	8.67	81.88	82.47	66.08	77.63
2014	77.63	84.51	10.84	82.80	82.25	65.42	79.49
2015	79.49	83.81	10.06	84.59	78.00	76.69	82.00
2016	82.00	81.08	7.65	81.16	83.12	72.36	82.26
2019	82.26	86.94	11.37	85.00	82.97	70.33	93.32
2020	93.32	86.72	11.38	80.92	84.13	75.33	93.49
2021	93.49	81.14	11.82	83.27	83.23	75.62	95.31

注:Y为甘蔗当年实际单产。

2. 贵港市甘蔗当年实际单产与单一关键指标关系模型

对表 11-2 中影响贵港市甘蔗当年实际单产的 6 个关键指标与贵港市甘蔗当年实际单产关系绘制散点图，结果分别见图 11-1 至图 11-6。

图 11-1 说明：贵港市甘蔗当年实际单产与去年实际单产（X_1）呈显著正相关关系；甘蔗当年实际单产随 X_1 的增加而增加；回归方程为 $Y=0.005\ 2\times X_1^2+0.177\ 5\times X_1+33.397\ 8$，$r=0.607^*$（$n=15$，$r_{0.05}=0.514$，$r_{0.01}=0.641$）。

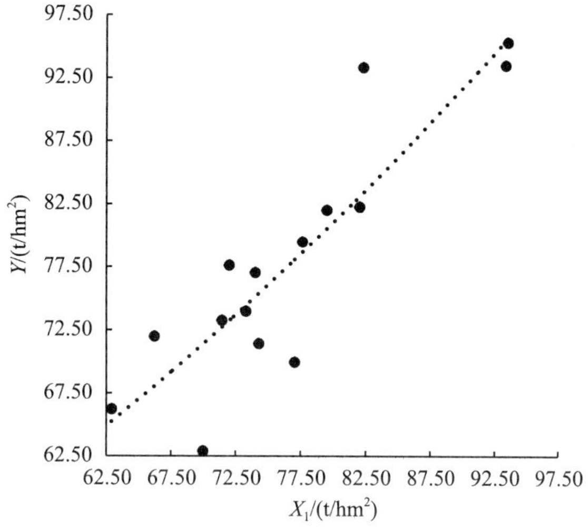

图 11-1 贵港市甘蔗当年实际单产 Y 与 X_1 的关系

图 11-2 说明：贵港市甘蔗当年实际单产与当年 3 月 1 日—4 月 5 日每日相对湿度的平均值（X_2）呈极显著正相关关系；甘蔗当年实际单产随 X_2 的增加而增加；回归方程为 $Y=0.040\ 5\times X_2^2-4.582\ 8\times X_2+183.450\ 3$，$r=0.745^{**}$（$n=15$，$r_{0.05}=0.514$，$r_{0.01}=0.641$）。

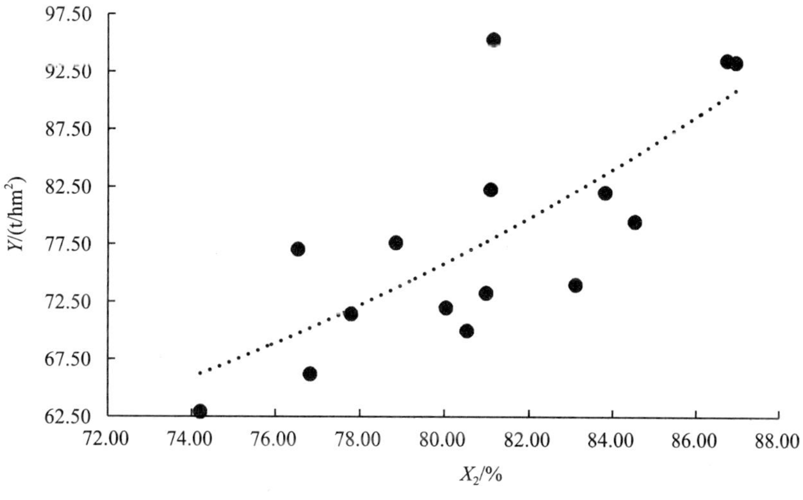

图 11-2 贵港市甘蔗当年实际单产 Y 与 X_2 的关系

图 11-3 说明：贵港市甘蔗当年实际单产与当年 3 月 1—31 日每日最低温度的平均值（X_3）呈

极显著正相关关系；甘蔗当年实际单产随 X_3 的增加而增加；回归方程为 $Y=0.958\ 0\times X_3^2-13.158\ 2\times X_3+116.656\ 1$，$r=0.868^{**}$（$n=15$，$r_{0.05}=0.514$，$r_{0.01}=0.641$）。

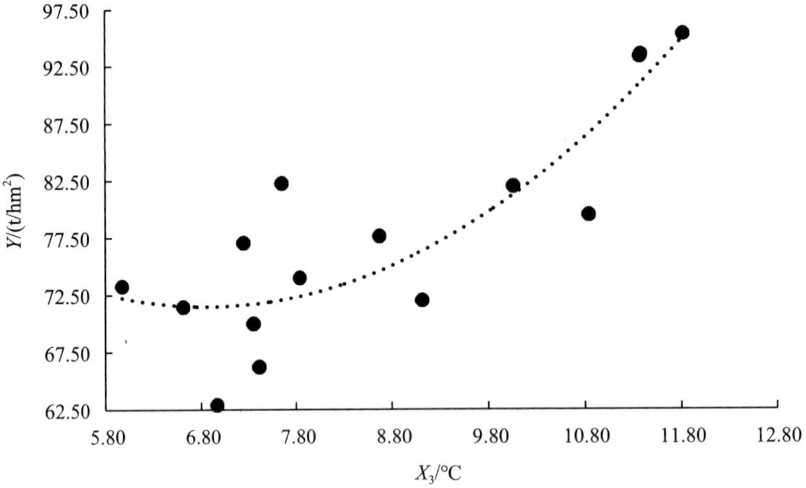

图 11-3 贵港市甘蔗当年实际单产 Y 与 X_3 的关系

图 11-4 说明：贵港市甘蔗当年实际单产与当年 5 月 1 日—6 月 5 日每日相对湿度的平均值（X_4）呈极显著正相关关系；甘蔗当年实际单产随 X_4 的增加而增加；回归方程为 $Y=0.130\ 5\times X_4^2-18.579\ 6\times X_4+726.986\ 3$，$r=0.705^{**}$（$n=15$，$r_{0.05}=0.514$，$r_{0.01}=0.641$）。

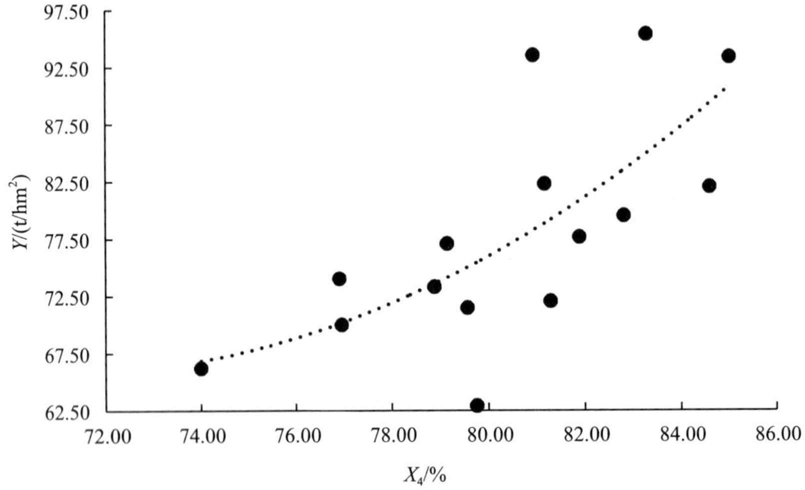

图 11-4 贵港市甘蔗当年实际单产 Y 与 X_4 的关系

图 11-5 说明：贵港市甘蔗当年实际单产与当年 8 月 1—26 日每日相对湿度的平均值（X_5）呈极显著正相关关系；甘蔗当年实际单产随 X_5 的增加而增加；回归方程为 $Y=0.187\ 8\times X_5^2-27.423\ 2\times X_5+1\ 069.123\ 8$，$r=0.832^{**}$（$n=15$，$r_{0.05}=0.514$，$r_{0.01}=0.641$）。

图 11-6 说明：贵港市甘蔗当年实际单产与当年 10 月 1 日—11 月 5 日每日相对湿度的平均值（X_6）呈显著正相关关系；甘蔗当年实际单产随 X_6 的增加而增加；回归方程为 $Y=0.070\ 0\times X_6^2-8.461\ 4\times X_6+327.324\ 9$，$r=0.660^{*}$（$n=15$，$r_{0.05}=0.514$，$r_{0.01}=0.641$）。

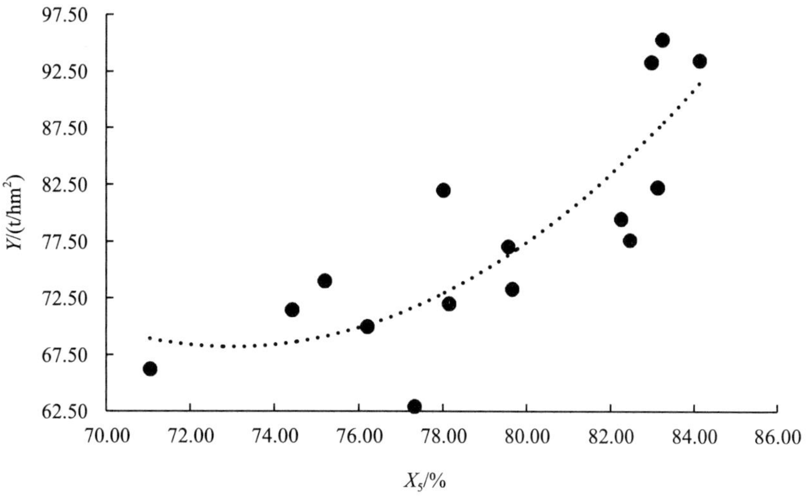

图 11-5 贵港市甘蔗当年实际单产 Y 与 X_5 的关系

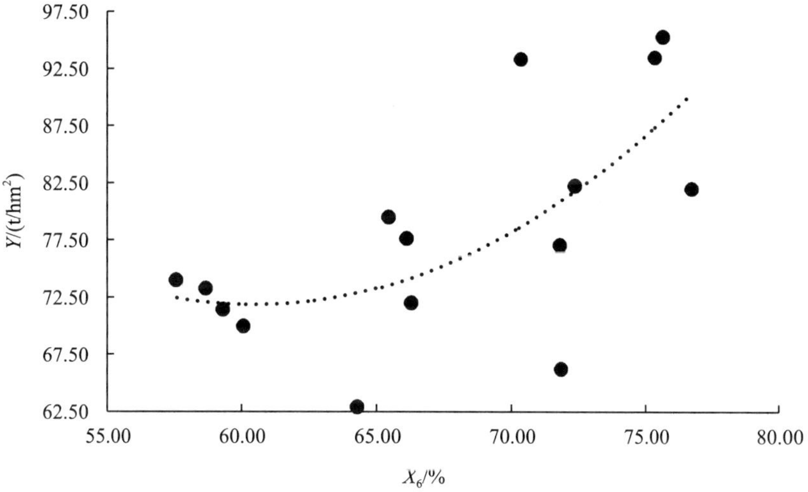

图 11-6 贵港市甘蔗当年实际单产 Y 与 X_6 的关系

3. 贵港市甘蔗当年实际单产预测模型(模型一)

基于表 11-2 中的六个关键指标组合的综合预测模型:对贵港市 15 年已知甘蔗当年实际单产(Y)与表 11-2 中的 X_1、X_2、X_3、X_4、X_5、X_6 进行六元回归,得到预测模型:$Y=-82.7281+0.4524\times X_1+0.6634\times X_2+0.5645\times X_3+0.1093\times X_4+0.4955\times X_5+0.2893\times X_6$,$r=0.959^{**}$($n=15$,$r_{0.05}=0.632$,$r_{0.01}=0.765$)。

4. 贵港市甘蔗当年实际单产预测模型(模型一)自回归误差分析

表 11-3 表明:贵港市甘蔗当年实际单产预测模型自回归误差 15 年全部在 10%以下,模型自回归预测误差低于 10%的比例为 100%,模型一合格。

表 11-3　贵港市甘蔗当年实际单产预测模型自回归结果　t/hm²

年份	Y	Y′	预测误差/%	年份	Y	Y′	预测误差/%
2005	71.43	68.94	−3.49	2013	77.63	75.98	−2.13
2006	73.27	71.75	−2.07	2014	79.49	83.30	4.79
2007	73.99	72.29	−2.30	2015	82.00	84.59	3.16
2008	77.04	74.45	−3.36	2016	82.26	83.46	1.46
2009	69.97	73.24	4.68	2019	93.32	89.33	−4.28
2010	62.90	67.72	7.66	2020	93.49	95.77	2.44
2011	66.21	64.96	−1.89	2021	95.31	92.28	−3.18
2012	72.00	72.24	0.33				

注：Y 为甘蔗当年实际单产；Y′为通过模型一自回归预测的甘蔗当年实际单产；预测误差＝(Y′−Y)÷Y×100%。

5. 对贵港市甘蔗当年实际单产预测模型(模型一)关键指标的说明

(1)贵港市甘蔗当年实际单产与当年 3 月 1 日—4 月 5 日每日相对湿度的平均值(X_2,%)呈正相关,此阶段为甘蔗萌芽期和幼苗期,湿度高有利于甘蔗萌芽和幼苗生长。

(2)贵港市甘蔗当年实际单产与当年 3 月 1—31 日每日最低温度的平均值(X_3,℃)呈正相关,此阶段为甘蔗萌芽和幼苗期,温度高有利于甘蔗健壮生长。

(3)贵港市甘蔗当年实际单产与当年 5 月 1 日—6 月 5 日每日相对湿度的平均值(X_4,%)呈正相关,此阶段为甘蔗分蘖期,湿度高有利于甘蔗健壮生长。

(4)贵港市甘蔗当年实际单产与当年 8 月 1—26 日每日相对湿度的平均值(X_5,%)呈正相关,此阶段为甘蔗伸长期,湿度高有利于甘蔗健壮生长。

(5)贵港市甘蔗当年实际单产与当年 10 月 1 日—11 月 5 日每日相对湿度的平均值(X_6,%)呈正相关,此阶段为甘蔗成熟期,湿度高有利于甘蔗成熟。

第二节　贵港市甘蔗当年实际单产预测模型(模型二)

1. 影响贵港市甘蔗当年实际气象单产的关键指标

影响贵港市甘蔗当年实际气象单产的关键指标见表 11-4,关键指标数据见表 11-5。

表 11-4　影响贵港市甘蔗当年实际气象单产的关键指标

变量和单位	定义	与当年实际气象单产的关系
X_1/(t/hm²)	去年实际气象单产	正相关
X_2/%	当年 8 月 1—31 日每日相对湿度的平均值	正相关
X_3/℃	当年 10 月 1—31 日每日最高温度的平均值	正相关

表 11-5　影响贵港市甘蔗当年实际气象单产的关键指标数据

年份	X_1/(t/hm²)	X_2/%	X_3/℃	Y/(t/hm²)	年份	X_1/(t/hm²)	X_2/%	X_3/℃	Y/(t/hm²)
2005	7.89	74.78	37.11	3.57	2013	−6.19	81.41	32.58	−2.04
2006	3.57	79.50	34.33	3.93	2014	−2.04	81.96	32.33	−1.66
2007	3.93	75.75	35.71	3.18	2015	−1.66	79.80	31.85	−0.62
2008	3.18	79.15	31.96	4.75	2016	−0.62	82.26	33.95	−1.84
2009	4.75	75.72	32.83	−3.80	2019	−1.84	83.11	34.29	4.80
2010	−3.80	77.34	31.30	−12.34	2020	4.80	82.33	31.87	3.49
2011	−12.34	68.18	31.97	−10.51	2021	3.49	82.30	35.43	3.84
2012	−10.51	77.91	32.00	−6.19					

注：Y 为甘蔗当年实际气象单产。

2. 贵港市甘蔗当年实际气象单产与单一关键指标关系模型

对表 11-5 中影响贵港市甘蔗当年实际气象单产的 3 个关键指标与贵港市甘蔗当年实际气象单产关系绘制散点图，结果分别见图 11-7 至图 11-9。

图 11-7 说明：贵港市甘蔗当年实际气象单产与去年实际气象单产（X_1）呈极显著正相关关系；甘蔗当年实际气象单产随 X_1 的增加而降低；回归方程为 $Y=-0.0143\times X_1^2+0.6144\times X_1+0.0033$，$r=0.727^{**}$（$n=15$，$r_{0.05}=0.514$，$r_{0.01}=0.641$）。

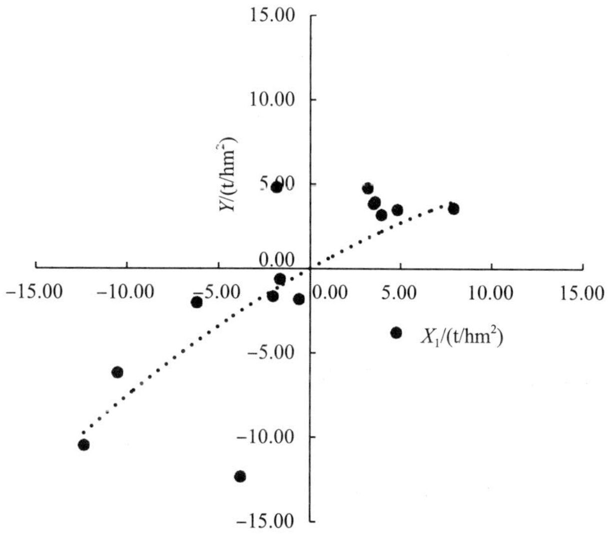

图 11-7　贵港市甘蔗当年实际气象单产 Y 与 X_1 的关系

图 11-8 说明：贵港市甘蔗当年实际气象单产与当年 8 月 1—31 日每日相对湿度的平均值（X_2）呈正相关关系；甘蔗当年实际气象单产随 X_2 的增加而增加；回归方程为 $Y=-0.0227\times X_2^2+4.1656\times X_2-187.6677$，$r=0.509$（$n=15$，$r_{0.10}=0.441$，$r_{0.05}=0.514$，$r_{0.01}=0.641$）。

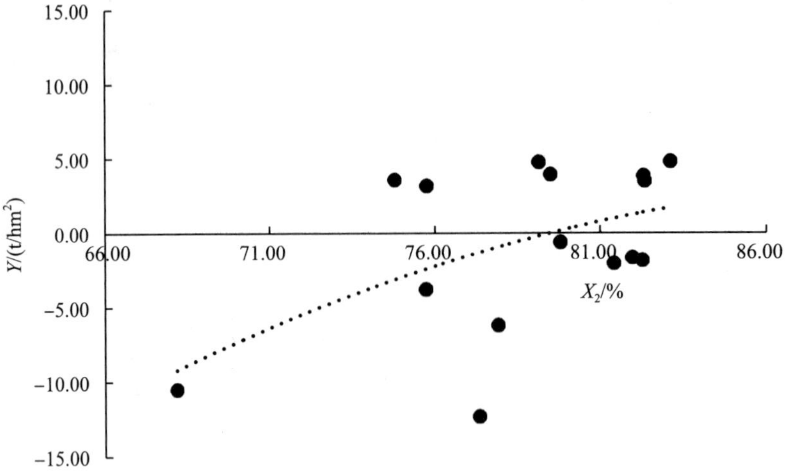

图 11-8　贵港市甘蔗当年实际气象单产 Y 与 X_2 的关系

图 11-9 说明：贵港市甘蔗当年实际气象单产与当年 10 月 1—31 日每日最高温度的平均值（X_3）呈显著正相关关系；甘蔗当年实际气象单产随 X_3 的增加而增加；回归方程为 $Y=-0.4786\times X_3^2+34.3816\times X_3-613.6397$，$r=0.625^*$（$n=15$，$r_{0.05}=0.514$，$r_{0.01}=0.641$）。

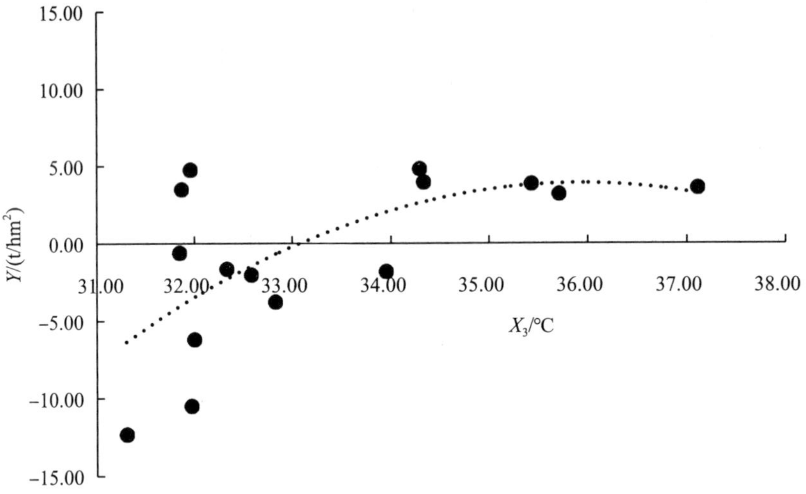

图 11-9　贵港市甘蔗当年实际气象单产 Y 与 X_3 的关系

3. 贵港市甘蔗当年实际气象单产预测模型

基于表 11-5 中的三个关键气象因子建立综合预测模型：对贵港市 15 年已知甘蔗当年实际气象单产（Y）与使用表 11-5 中的 X_1、X_2、X_3 进行三元回归，得到预测模型：$Y=-78.9849+0.4019\times X_1+0.5418\times X_2+1.0734\times X_3$，$r=0.837^{**}$（$n=15$，$r_{0.05}=0.553$，$r_{0.01}=0.684$）。

4. 贵港市甘蔗当年实际单产预测模型（模型二）自回归误差分析

表 11-6 表明：贵港市甘蔗当年实际单产预测模型自回归误差有 14 年在 10%以下，有 1 年在 10%以上，模型自回归预测误差低于 10%的比例为 93.3%，模型二合格。

表 11-6　贵港市甘蔗当年实际单产预测模型自回归结果　　t/hm²

年份	Y	$Y'_{(1)}$	$Y'_{(2)}$	$Y'_{(3)}$	$Y'_{(4)}$	预测误差/%
2005	3.57	4.54	67.86	72.40	71.43	1.36
2006	3.93	2.37	69.34	71.71	73.27	−2.13
2007	3.18	1.97	70.81	72.78	73.99	−1.64
2008	4.75	−0.52	72.29	71.77	77.04	−6.84
2009	−3.80	−0.81	73.76	72.95	69.97	4.26
2010	−12.34	−5.01	75.24	70.23	62.90	11.65
2011	−10.51	−12.69	76.72	64.03	66.21	−3.29
2012	−6.19	−6.65	78.19	71.54	72.00	−0.64
2013	−2.04	−2.39	79.67	77.27	77.63	−0.46
2014	−1.66	−0.70	81.14	80.45	79.49	1.21
2015	−0.62	−2.23	82.62	80.39	82.00	−1.96
2016	−1.84	1.77	84.09	85.87	82.26	4.39
2019	4.80	2.11	88.52	90.64	93.32	−2.87
2020	3.49	1.76	90.00	91.76	93.49	−1.85
2021	3.84	5.04	91.47	96.51	95.31	1.26

注：Y 为当年实际气象单产，是以当年实际单产 Y 为纵坐标、以具体年为横坐标的回归方程回归值被当年实际单产 Y 减去所获得，其为正值时表示当年气象条件的单产好于多年平均气象条件的单产，其为负值时表示当年气象条件的单产劣于多年平均气象条件的单产，其为零时表示当年气象条件的单产等于多年平均气象条件的单产；$Y'_{(1)}$ 为通过模型二自回归预测的当年实际气象单产；$Y'_{(2)}$ 为当年实际单产与年份之间的回归方程回归值，也称当年平均气象条件单产；$Y'_{(3)}$ 为当年实际气象单产与当年平均气象条件单产之和，也称为当年单产预测值；$Y'_{(4)}$ 为当年实际单产；预测误差＝$(Y'_{(3)}-Y'_{(4)})\div Y'_{(4)}\times 100\%$。

5. 对贵港市甘蔗当年实际单产预测模型(模型二)关键指标的说明

(1)贵港市当年实际气象单产与当年 8 月 1—31 日每日相对湿度的平均值(X_2,%)呈正相关，此阶段为甘蔗伸长期，湿度高有利于甘蔗旺盛生长。

(2)贵港市当年实际气象单产与当年 10 月 1—31 日每日最高温度的平均值(X_3,℃)呈正相关，此阶段为甘蔗成熟期，温度高有利于甘蔗成熟。

第三节　有关贵港市甘蔗当年实际单产预测模型(模型一和模型二)的讨论

模型关键指标比较：模型一的关键指标为 6 个，模型二的关键指标为 3 个。

模型相关系数比较：模型一是六元回归，模型二是三元回归，模型一相关系数是 0.959，模型二相关系数为 0.837。

模型误差比较：模型一合格率为 100%；模型二合格率为 93.3%。

通过以上比较分析，说明两个模型均合格。

第四节　贵港市甘蔗当年实际单产预测模型模型一和模型二的验证

表 11-7 和表 11-8 为模型一和模型二的验证结果，验证结果为模型一合格，模型二合格。取两个模型预测结果的平均值，可以降低单一模型预测误差较大的风险，预测误差 2017 年、2018 年分别为－1.90％、1.58％，预测结果为合格。

表 11-7　贵港市甘蔗当年实际单产预测模型验证(模型一)　t/hm^2

年份	Y	Y'	预测误差/％	年份	Y	Y'	预测误差/％
2017	88.29	85.91	－2.70	2018	87.87	85.29	－2.94

表 11-8　贵港市甘蔗当年实际单产预测模型验证(模型二)　t/hm^2

年份	Y	$Y'_{(1)}$	$Y'_{(2)}$	$Y'_{(3)}$	$Y'_{(4)}$	预测误差/％
2017	2.72	1.76	85.57	87.33	88.29	－1.09
2018	0.82	0.63	87.05	87.68	87.87	－0.22

第十二章　玉林市甘蔗单产预测模型研究

第一节　玉林市甘蔗当年实际单产预测模型(模型一)

1. 影响玉林市甘蔗当年实际单产的关键指标

影响玉林市甘蔗当年实际单产的关键指标见表 12-1，关键指标数据见表 12-2。

表 12-1　影响玉林市甘蔗当年实际单产的关键指标

变量和单位	定义	与当年实际单产的关系
$X_1/(t/hm^2)$	去年实际单产	正相关
$X_2/\%$	当年 3 月 1—26 日每日平均相对湿度的平均值	正相关
$X_3/\%$	当年 5 月 1—31 日每日平均相对湿度的平均值	正相关
$X_4/\%$	当年 8 月 1—26 日每日平均相对湿度的平均值	正相关
$X_5/℃$	当年 7 月 27 日—8 月 31 日每日平均温度的平均值	负相关
$X_6/\%$	当年 10 月 1 日—11 月 5 日每日平均相对湿度的平均值	正相关

表 12-2　影响玉林市甘蔗当年实际单产的关键指标数据

年份	$X_1/(t/hm^2)$	$X_2/\%$	$X_3/\%$	$X_4/\%$	$X_5/℃$	$X_6/\%$	$Y/(t/hm^2)$
2005	75.41	78.08	74.84	73.62	29.14	64.31	76.70
2006	76.70	81.81	76.00	78.38	28.27	66.64	86.55
2007	86.55	82.04	72.77	74.31	28.99	63.78	80.59
2008	80.59	68.00	77.68	75.73	29.05	70.61	76.24
2009	76.24	78.65	73.65	71.54	29.66	63.06	69.17
2010	69.17	70.46	78.06	77.69	28.69	64.36	88.65
2011	88.65	81.73	75.13	74.65	29.33	71.97	94.40
2012	94.40	85.12	79.32	77.96	28.58	68.03	97.40
2013	97.40	77.69	86.55	77.27	27.99	65.17	98.77
2014	98.77	89.12	85.74	84.00	27.74	70.42	102.57
2015	102.57	92.31	87.26	81.38	28.19	80.78	104.73
2016	104.73	88.54	79.10	80.50	28.66	72.50	104.50

注：Y 为甘蔗当年实际单产。

2. 玉林市甘蔗当年实际单产与单一关键指标关系模型

对表 12-2 中影响玉林市甘蔗当年实际单产的 6 个关键指标与玉林市甘蔗当年实际单产关系绘制散点图,结果分别见图 12-1 至图 12-6。

图 12-1 说明:玉林市甘蔗当年实际单产与去年实际单产(X_1)呈极显著正相关关系;甘蔗当年实际单产随 X_1 的增加而增加;回归方程为 $Y=0.838\ 3\times X_1+16.591\ 5$,$r=0.821^{**}$($n=12$,$r_{0.05}=0.576$,$r_{0.01}=0.708$)。

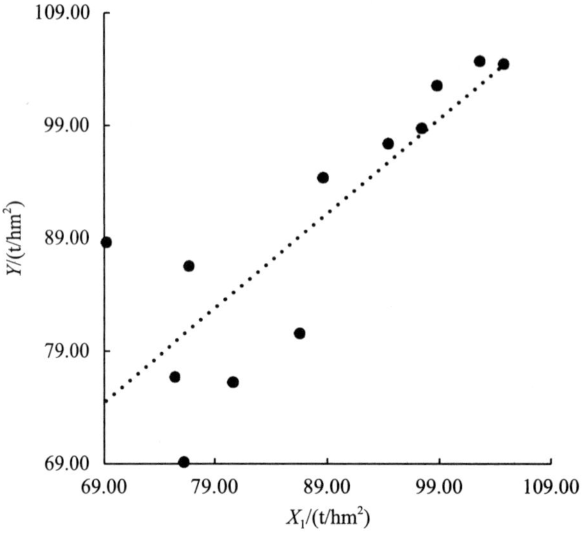

图 12-1　玉林市甘蔗当年实际单产 Y 与 X_1 的关系

图 12-2 说明:玉林市甘蔗当年实际单产与当年 3 月 1—26 日每日平均相对湿度的平均值(X_2)呈显著正相关关系;甘蔗当年实际单产随 X_2 的增加而增加;回归方程为 $Y=1.132\ 3\times X_2-1.841\ 3$,$r=0.671^{*}$($n=12$,$r_{0.05}=0.576$,$r_{0.01}=0.708$)。

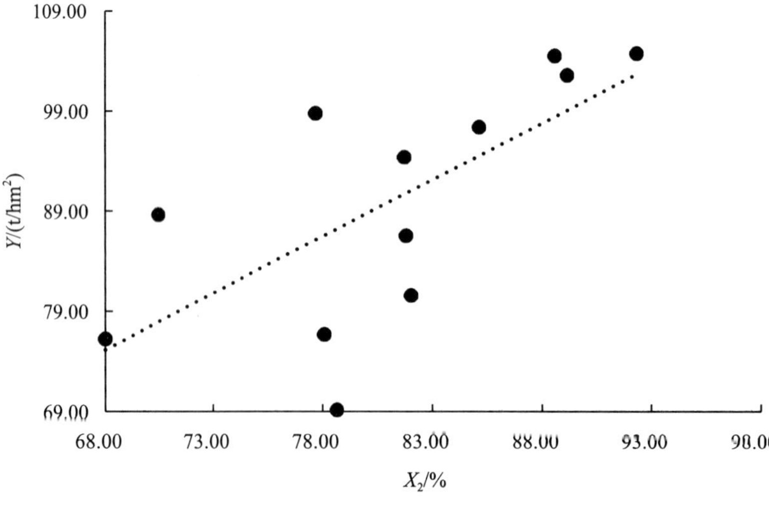

图 12-2　玉林市甘蔗当年实际单产 Y 与 X_2 的关系

图 12-3 说明：玉林市甘蔗当年实际单产与当年 5 月 1—31 日每日平均相对湿度的平均值（X_3）呈极显著正相关关系；甘蔗当年实际单产随 X_3 的增加而增加；回归方程为 $Y=1.8265\times X_3-53.9795$，$r=0.757^{**}$（$n=12$，$r_{0.05}=0.576$，$r_{0.01}=0.708$）。

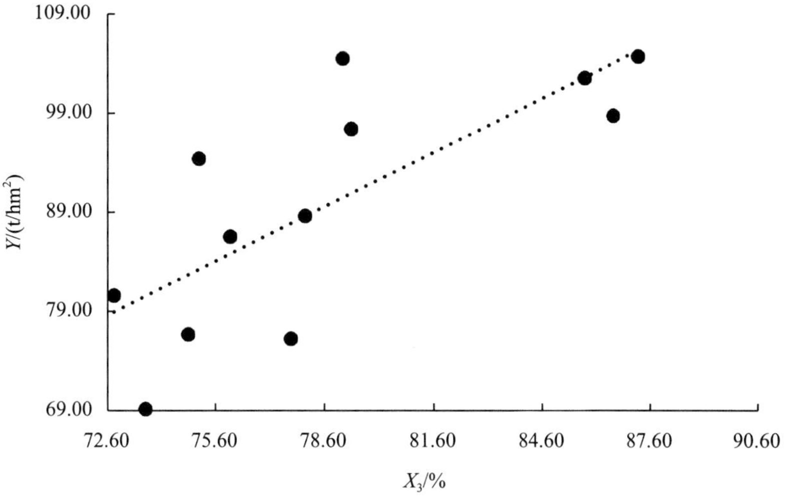

图 12-3　玉林市甘蔗当年实际单产 Y 与 X_3 的关系

图 12-4 说明：玉林市甘蔗当年实际单产与当年 8 月 1—26 日每日平均相对湿度的平均值（X_4）呈极显著正相关关系；甘蔗当年实际单产随 X_4 的增加而增加；回归方程为 $Y=2.8711\times X_4-131.7755$，$r=0.835^{**}$（$n=12$，$r_{0.05}=0.576$，$r_{0.01}=0.708$）。

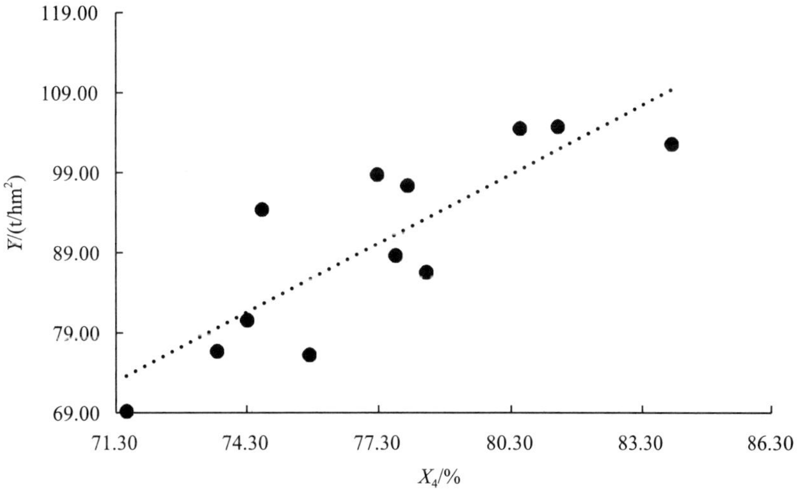

图 12-4　玉林市甘蔗当年实际单产 Y 与 X_4 的关系

图 12-5 说明：玉林市甘蔗当年实际单产与当年 7 月 27 日—8 月 31 日每日平均温度的平均值（X_5）呈极显著负相关关系；甘蔗当年实际单产随 X_5 的增加而降低；回归方程为 $Y=-4.5491\times X_5^2+245.3005\times X_5-3201.8283$，$r=-0.744^{**}$（$n=12$，$r_{0.05}=0.576$，$r_{0.01}=0.708$）。

图 12-6 说明：玉林市甘蔗当年实际单产与当年 10 月 1 日—11 月 5 日每日平均相对湿度的平均值（X_6）呈显著正相关关系；甘蔗当年实际单产随 X_6 的增加而增加；回归方程为 $Y=-0.0834\times X_6^2+13.4053\times X_6-434.7119$，$r=0.676^{*}$（$n=12$，$r_{0.05}=0.576$，$r_{0.01}=0.708$）。

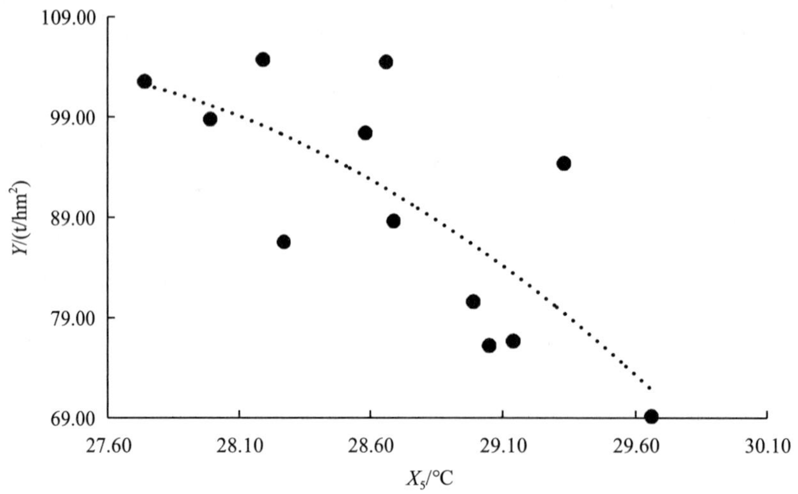

图 12-5　玉林市甘蔗当年实际单产 Y 与 X_5 的关系

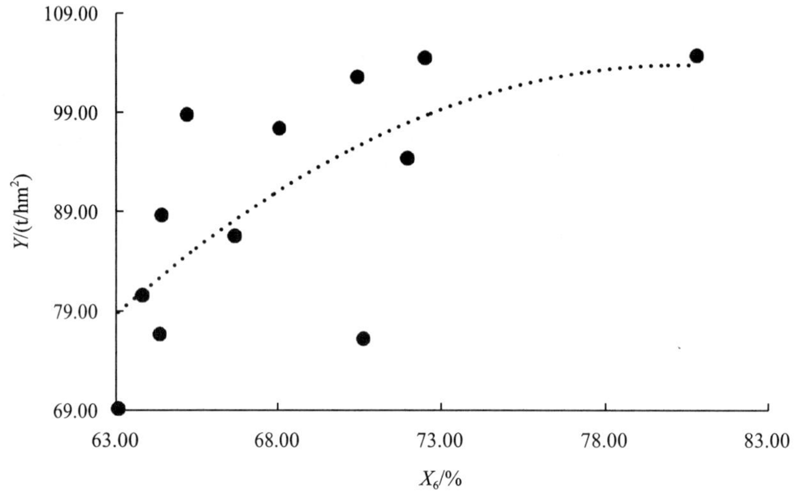

图 12-6　玉林市甘蔗当年实际单产 Y 与 X_6 的关系

3. 玉林市甘蔗当年实际单产预测模型(模型一)

基于表 12-2 中的 6 个关键指标建立综合预测模型：对玉林市 12 年已知甘蔗当年实际单产(Y)与表 12-2 中的 X_1、X_2、X_3、X_4、X_5、X_6 进行六元回归，得到预测模型：$Y=-14.5141+0.4624\times X_1+0.0143\times X_2+0.0576\times X_3+1.4071\times X_4-2.0444\times X_5+0.1210\times X_6$，$r=0.917^{**}$ ($n=12$，$r_{0.05}=0.754$，$r_{0.01}=0.875$)。

4. 玉林市甘蔗当年实际单产预测模型(模型一)自回归误差分析

表 12-3 表明：玉林市甘蔗当年实际单产预测模型自回归误差有 11 年在 10%以下，有 1 年在 10%以上，模型自回归预测误差低于 10%的比例为 91.7%，模型一合格。

表 12-3 玉林市甘蔗当年实际单产预测模型自回归结果 t/hm²

年份	Y	Y'	预测误差/%	年份	Y	Y'	预测误差/%
2005	76.70	77.58	1.15	2011	94.40	85.76	−9.15
2006	86.55	87.05	0.58	2012	97.40	94.42	−3.06
2007	80.59	83.88	4.08	2013	98.77	96.01	−2.79
2008	76.24	83.91	10.06	2014	102.57	107.38	4.69
2009	69.17	73.76	6.64	2015	104.73	105.91	1.13
2010	88.65	81.42	−8.16	2016	104.50	103.18	−1.25

注：Y 为甘蔗当年实际单产；Y' 为通过模型一自回归预测的甘蔗当年实际单产；预测误差＝$(Y'-Y)\div Y\times100\%$。

5. 对玉林市甘蔗当年实际单产预测模型(模型一)关键指标的说明

(1)玉林市甘蔗当年实际单产与当年 3 月 1—26 日每日平均相对湿度的平均值(X_2，%)呈正相关，此阶段为甘蔗萌芽期，相对湿度高有利于甘蔗萌芽。

(2)玉林市甘蔗当年实际单产与当年 5 月 1—31 日每日平均相对湿度的平均值(X_3，%)呈正相关，此阶段为甘蔗分蘖期，相对湿度高有利于甘蔗有效分蘖。

(3)玉林市甘蔗当年实际单产与当年 8 月 1—26 日每日平均相对湿度的平均值(X_4，%)呈正相关，此阶段为甘蔗伸长期，相对湿度高有利于甘蔗旺盛生长。

(4)玉林市甘蔗当年实际单产与当年 7 月 27 日—8 月 31 日每日平均温度的平均值(X_5，℃)呈负相关，此阶段为甘蔗伸长期，温度高不利于甘蔗健壮生长。

(5)玉林市甘蔗当年实际单产与当年 10 月 1 日—11 月 5 日每日平均相对湿度的平均值(X_6，%)呈正相关，此阶段为甘蔗成熟期，相对湿度高有利于甘蔗成熟。

第二节 玉林市甘蔗当年实际单产预测模型(模型二)

1. 影响玉林市甘蔗当年实际气象单产的关键指标

影响玉林市甘蔗当年实际气象单产的关键指标见表 12-4，关键指标数据见表 12-5。

表 12-4 影响玉林市甘蔗当年实际气象单产的关键指标

变量和单位	定义	与当年实际气象单产的关系
X_1/%	当年 8 月 1—26 日每日平均相对湿度的平均值	正相关
X_2/℃	当年 8 月 1 日—9 月 25 日每日平均温度的平均值	负相关
X_3/℃	当年 9 月 1—25 日每日最低温度的平均值	负相关

表 12-5 影响玉林市甘蔗当年实际气象单产的关键指标数据

年份	X_1/%	X_2/℃	X_3/℃	Y/(t/hm²)	年份	X_1/%	X_2/℃	X_3/℃	Y/(t/hm²)
2005	73.62	28.58	23	1.27	2006	78.38	27.63	18.2	8.45

续表 12-5

年份	X_1/%	X_2/℃	X_3/℃	Y/(t/hm²)	年份	X_1/%	X_2/℃	X_3/℃	Y/(t/hm²)
2007	74.31	28.17	21.8	−0.19	2012	77.96	28.12	20.7	3.25
2008	75.73	28.61	23.6	−7.21	2013	77.27	27.49	22.2	1.95
2009	71.54	29.35	22.6	−16.95	2014	84.00	27.81	20.7	3.07
2010	77.69	28.44	22.8	−0.15	2015	81.38	27.77	21.5	2.56
2011	74.65	28.62	19.4	2.93	2016	80.50	28.00	22.3	−0.35

注:Y 为甘蔗当年实际气象单产。

2. 玉林市甘蔗当年实际气象单产与单一关键指标关系模型

对表 12-5 中影响玉林市甘蔗当年实际气象单产的 3 个关键指标与玉林市甘蔗当年实际气象单产关系绘制散点图,结果分别见图 12-7 至图 12-9。

图 12-7 说明:玉林市甘蔗当年实际气象单产与当年 8 月 1—26 日每日平均相对湿度的平均值(X_1)呈正相关关系;甘蔗当年实际气象单产随 X_1 的增加而增加;回归方程为 $Y=1.000\ 7\times X_1-77.395\ 3$,$r=0.561$($n=12$,$r_{0.10}=0.497$,$r_{0.05}=0.576$,$r_{0.01}=0.708$)。

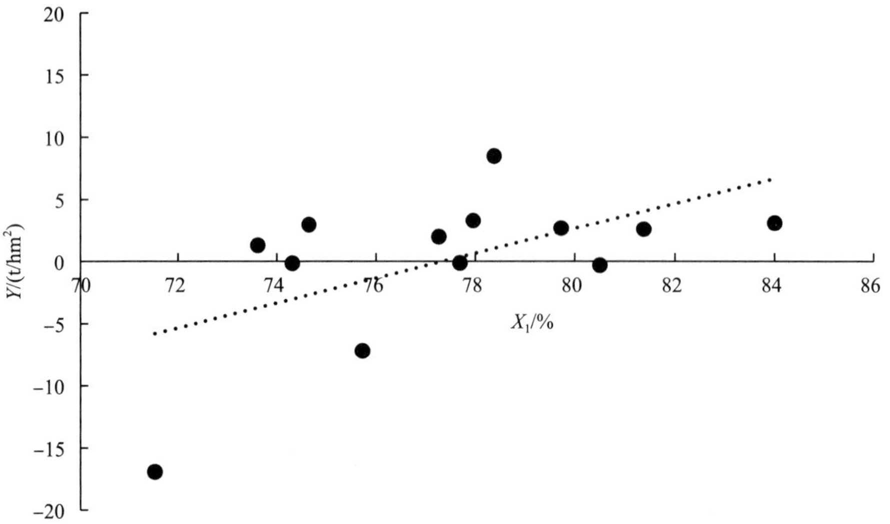

图 12-7　玉林市甘蔗当年实际气象单产 Y 与 X_1 的关系

图 12-8 说明:玉林市甘蔗当年实际气象单产与当年 8 月 1 日—9 月 25 日每日平均温度的平均值(X_2)呈显著负相关关系;甘蔗当年实际气象单产随 X_2 的增加而降低;回归方程为 $Y=-9.601\ 3\times X_2+270.957\ 6$,$r=-0.638^{*}$($n=12$,$r_{0.05}=0.576$,$r_{0.01}=0.708$)。

图 12-9 说明:玉林市甘蔗当年实际气象单产与当年 9 月 1—25 日每日最低温度的平均值(X_3)呈极显著负相关关系;甘蔗当年实际气象单产随 X_3 的增加而降低;回归方程为 $Y=-2.566\ 7\times X_3+55.243\ 5$,$r=-0.787^{**}$($n=12$,$r_{0.05}=0.576$,$r_{0.01}=0.708$)。

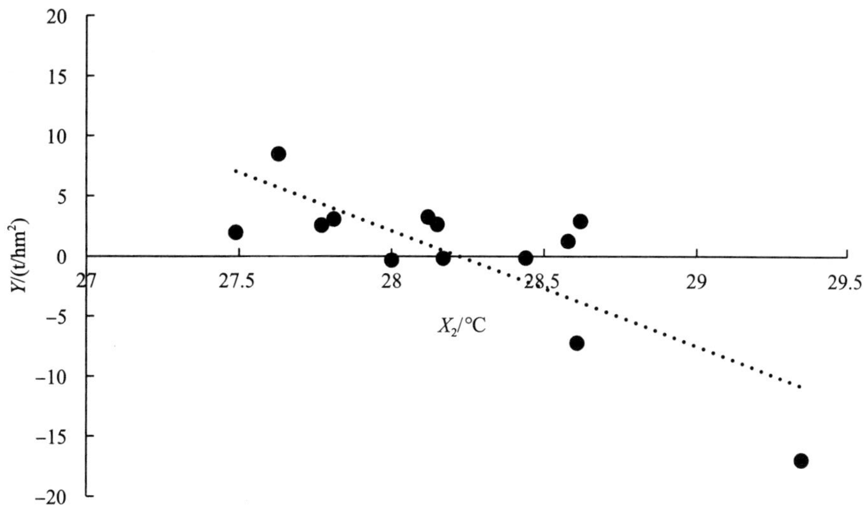

图 12-8　玉林市甘蔗当年实际气象单产 Y 与 X_2 的关系

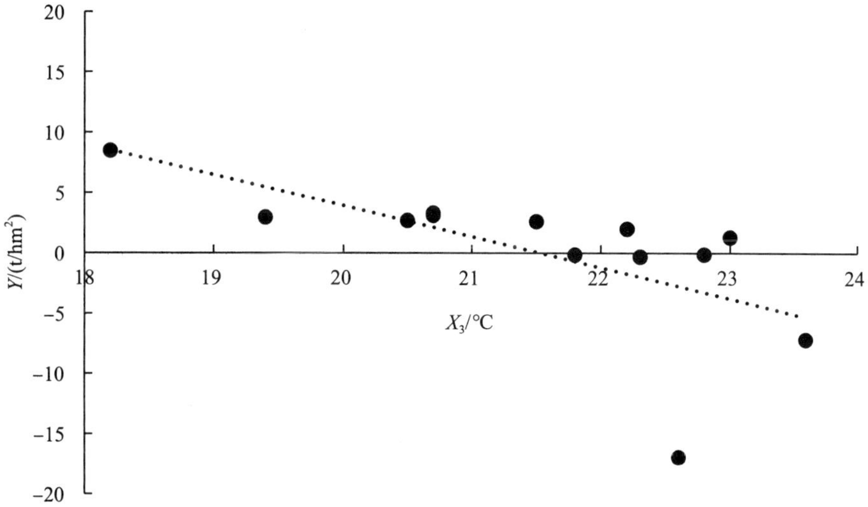

图 12-9　玉林市甘蔗当年实际气象单产 Y 与 X_3 的关系

3. 玉林市甘蔗当年实际气象单产预测模型

基于表 12-5 中的三个关键气象因子建立综合预测模型：对玉林市 12 年已知甘蔗当年实际气象单产（Y）与使用表 12-5 中的 X_1、X_2、X_3 进行三元回归，得到预测模型：$Y=269.4100-0.0853\times X_1-8.1642\times X_2-1.5104\times X_3$，$r=0.861^{**}$（$n=12$，$r_{0.05}=0.632$，$r_{0.01}=0.765$）。

4. 玉林市甘蔗当年实际单产预测模型(模型二)自回归误差分析

表 12-6 表明：玉林市甘蔗当年实际单产预测模型自回归误差 12 年全部在 10%以下，模型自回归预测误差低于 10%的比例为 100%，模型二合格。

表 12-6 玉林市甘蔗当年实际单产预测模型自回归结果 t/hm²

年份	Y	$Y'_{(1)}$	$Y'_{(2)}$	$Y'_{(3)}$	$Y'_{(4)}$	预测误差/%
2005	1.27	−4.94	75.43	70.48	76.70	−8.11
2006	8.45	9.66	78.10	87.76	86.55	1.40
2007	−0.19	0.16	80.78	80.93	80.59	0.42
2008	−7.21	−6.27	83.45	77.18	76.24	1.23
2009	−16.95	−10.45	86.13	75.68	69.17	9.41
2010	−0.15	−3.85	88.80	84.95	88.65	−4.17
2011	2.93	0.08	91.47	91.55	94.40	−3.02
2012	3.25	1.92	94.15	96.07	97.40	−1.37
2013	1.95	4.85	96.82	101.68	98.77	2.95
2014	3.07	3.93	99.50	103.43	102.57	0.84
2015	2.56	3.27	102.17	105.45	104.73	0.69
2016	−0.35	0.26	104.85	105.11	104.50	0.58

注：Y 为当年实际气象单产，是以当年实际单产 Y 为纵坐标、以具体年为横坐标的回归方程回归值被当年实际单产 Y 减去所获得，其为正值时表示当年气象条件的单产好于多年平均气象条件的单产，其为负值时表示当年气象条件的单产劣于多年平均气象条件的单产，其为零时表示当年气象条件的单产等于多年平均气象条件的单产；$Y'_{(1)}$ 为通过模型二自回归预测的当年实际气象单产；$Y'_{(2)}$ 为当年实际单产与年份之间的回归方程回归值，也称当年平均气象条件单产；$Y'_{(3)}$ 为当年实际气象单产与当年平均气象条件单产之和，也称为当年单产预测值；$Y'_{(4)}$ 为当年实际单产；预测误差 $=(Y'_{(3)}-Y'_{(4)})\div Y'_{(4)}\times 100\%$。

5. 对玉林市甘蔗当年实际单产预测模型(模型二)关键指标的说明

(1)玉林市当年实际气象单产与当年 8 月 1—26 日每日平均相对湿度的平均值(X_1，%)呈正相关，此阶段为甘蔗伸长期，相对湿度高有利于甘蔗旺盛生长。

(2)玉林市当年实际气象单产与当年 8 月 1 日—9 月 25 日每日平均温度的平均值(X_2，℃)呈负相关，此阶段为甘蔗伸长期，温度过高不利于甘蔗健壮生长。

(3)玉林市当年实际气象单产与当年 9 月 1—25 日每日最低温度的平均值(X_3，℃)呈负相关，此阶段为甘蔗伸长期，温度过高不利于甘蔗健壮生长。

第三节 有关玉林市甘蔗当年实际单产预测模型(模型一和模型二)的讨论

模型关键指标比较：①模型一与模型二使用了相同的关键指标“当年 8 月 1—26 日每日平均相对湿度的平均”。②模型一的关键指标为 6 个，模型二的关键指标为 3 个。

模型相关系数比较：模型一是六元回归，模型二是三元回归，模型一的相关系数是 0.917，高于模型二的相关系数 0.861。

模型误差比较：模型一合格率为 91.7%；模型二合格率为 100%。

通过以上比较分析，说明两个模型均合格。

第四节　玉林市甘蔗当年实际单产预测模型（模型一和模型二）的验证

表 12-7 和表 12-8 为模型一和模型二的验证结果，验证结果为模型一合格，模型二合格。取两个模型预测结果的平均值，可以降低单一模型预测误差较大的风险，预测误差 2017—2021 年分别为－0.38%、4.44%、3.14%、4.52%、5.85%，预测结果为合格。

表 12-7　玉林市甘蔗当年实际单产预测模型验证（模型一）　　t/hm²

年份	Y	Y'	预测误差/%	年份	Y	Y'	预测误差/%
2017	107.52	110.20	2.49	2020	112.12	117.23	4.56
2018	110.20	114.17	3.60	2021	111.66	117.59	5.31
2019	112.87	114.28	1.25				

表 12-8　玉林市甘蔗当年实际单产预测模型验证（模型二）　　t/hm²

年份	Y	$Y'_{(1)}$	$Y'_{(2)}$	$Y'_{(3)}$	$Y'_{(4)}$	预测误差/%
2017	1.31	－2.17	106.21	104.04	107.52	－3.24
2018	1.48	7.29	108.72	116.01	110.20	5.27
2019	1.65	7.32	111.22	118.54	112.87	5.02
2020	－1.61	3.40	113.73	117.13	112.12	4.47
2021	－4.57	2.54	116.24	118.78	111.66	6.38

第十三章　桂林市甘蔗单产预测模型研究

第一节　桂林市甘蔗当年实际单产预测模型(模型一)

1. 影响桂林市甘蔗当年实际单产的关键指标

影响桂林市甘蔗当年实际单产的关键指标见表13-1,关键指标数据见表13-2。

表13-1　影响桂林市甘蔗当年实际单产的关键指标

变量和单位	定义	与当年实际单产的关系
$X_1/(t/hm^2)$	去年实际单产	正相关
$X_2/℃$	当年3月1—31日每日最低温度的平均值	正相关
X_3/mm	当年8月6—31日每日降水量的平均值	正相关

表13-2　影响桂林市甘蔗当年实际单产的关键指标数据

年份	$X_1/(t/hm^2)$	$X_2/℃$	X_3/mm	$Y/(t/hm^2)$	年份	$X_1/(t/hm^2)$	$X_2/℃$	X_3/mm	$Y/(t/hm^2)$
2005	56.28	1.80	2.55	59.47	2013	72.43	4.70	8.08	69.13
2006	59.47	3.10	1.60	61.10	2014	69.13	7.10	8.80	80.16
2007	61.10	5.00	2.88	63.29	2015	80.16	5.80	11.22	78.91
2008	63.29	4.80	4.83	60.87	2016	78.91	3.90	3.54	83.49
2009	60.87	4.60	1.05	59.44	2017	83.49	8.00	13.36	84.58
2010	59.44	3.60	0.93	62.86	2018	84.58	7.30	2.31	82.32
2011	62.86	3.80	2.69	66.13	2019	82.32	7.60	2.73	84.81
2012	66.13	6.20	4.42	72.43					

注:Y为甘蔗当年实际单产。

2. 桂林市甘蔗当年实际单产与单一关键指标关系模型

对表13-2中影响桂林市甘蔗当年实际单产的3个关键指标与桂林市甘蔗当年实际单产关系绘制散点图,结果分别见图13-1至图13-3。

图13-1说明:桂林市甘蔗当年实际单产与去年实际单产(X_1)呈极显著正相关关系;甘蔗当年实际单产随X_1的增加而增加;回归方程为$Y=0.933\ 6\times X_1+6.507\ 7$,$r=0.929^{**}$($n=15$,$r_{0.05}=0.514$,$r_{0.01}=0.641$)。

图13-2说明:桂林市甘蔗当年实际单产与当年3月1—31日每日最低温度的平均值(X_2)呈极显著正相关关系;甘蔗当年实际单产随X_2的增加而增加;回归方程为$Y=4.261\ 8\times X_2+49.302\ 6$,$r=0.765^{**}$($n=15$,$r_{0.05}=0.514$,$r_{0.01}=0.641$)。

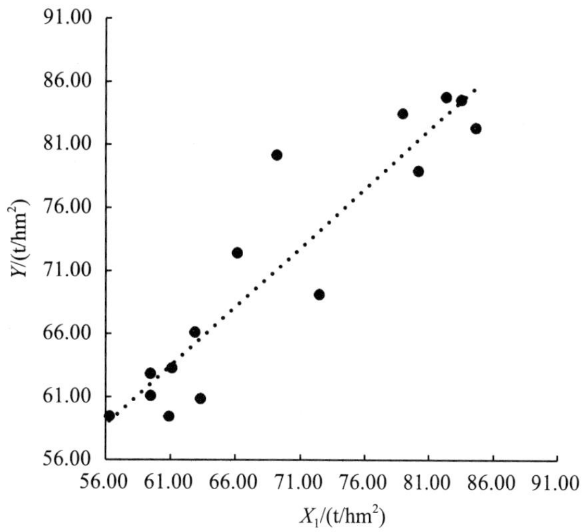

图 13-1　桂林市甘蔗当年实际单产 Y 与 X_1 的关系

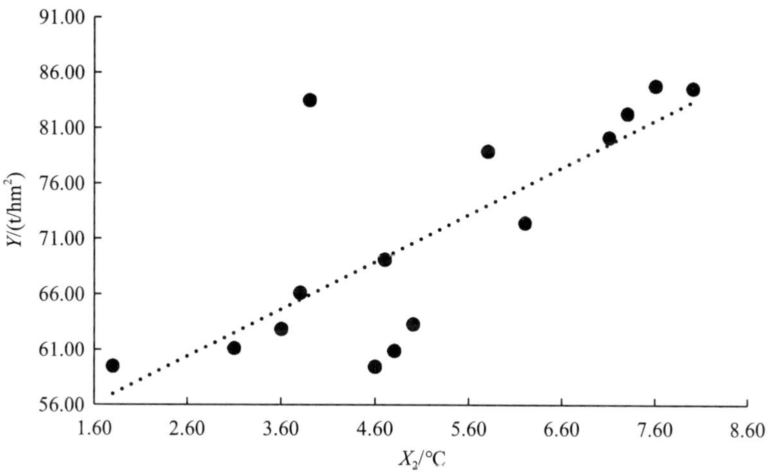

图 13-2　桂林市甘蔗当年实际单产 Y 与 X_2 的关系

图 13-3 说明：桂林市甘蔗当年实际单产与当年 8 月 6—31 日每日降水量的平均值(X_3)呈显著正相关关系；甘蔗当年实际单产随 X_3 的增加而增加；回归方程为 $Y=1.369\ 6\times X_3+64.783\ 2$，$r=0.520^{*}$（$n=15$，$r_{0.05}=0.514$，$r_{0.01}=0.641$）。

3. 桂林市甘蔗当年实际单产预测模型(模型一)

基于表 13-2 中的三个关键指标建立综合预测模型：对桂林市 15 年已知甘蔗当年实际单产(Y)与表 13-2 中的 X_1、X_2、X_3 进行三元回归，得到预测模型：$Y=10.433\ 7+0.811\ 4\times X_1+0.847\ 9\times X_2+0.038\ 4\times X_3$，$r=0.935^{**}$（$n=15$，$r_{0.05}=0.553$，$r_{0.01}=0.684$）。

4. 桂林市甘蔗当年实际单产预测模型(模型一)自回归误差分析

表 13-3 表明：桂林市甘蔗当年实际单产预测模型自回归误差 15 年全部在 10%以下，模型自回归预测误差低于 10%的比例为 100%，模型一合格。

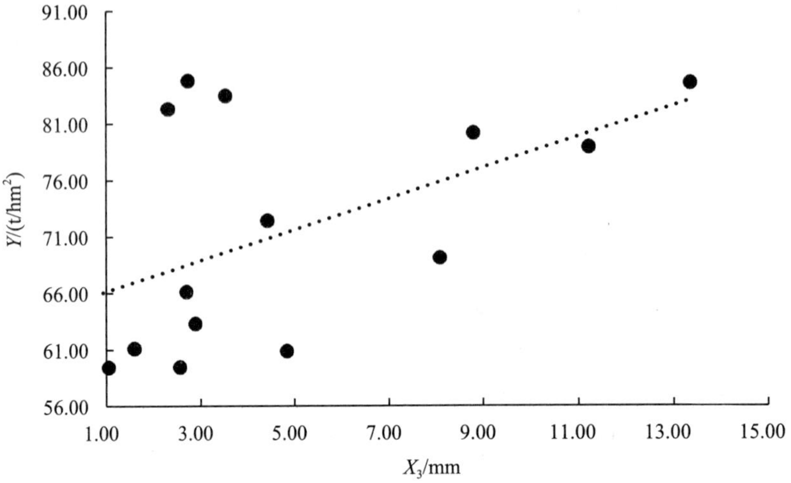

图 13-3　桂林市甘蔗当年实际单产 Y 与 X_3 的关系

表 13-3　桂林市甘蔗当年实际单产预测模型自回归结果　　t/hm^2

年份	Y	Y′	预测误差/%	年份	Y	Y′	预测误差/%
2005	59.47	57.72	−2.94	2013	69.13	73.50	6.32
2006	61.10	61.38	0.46	2014	80.16	72.88	−9.08
2007	63.29	64.36	1.69	2015	78.91	80.82	2.42
2008	60.87	66.04	8.49	2016	83.49	77.90	−6.70
2009	59.44	63.76	7.27	2017	84.58	85.47	1.05
2010	62.86	61.75	−1.77	2018	82.32	85.34	3.67
2011	66.13	64.76	−2.07	2019	84.81	83.78	−1.21
2012	72.43	69.52	−4.02				

注：Y 为甘蔗当年实际单产；Y' 为通过模型一自回归预测的甘蔗当年实际单产；预测误差 $=(Y'-Y)\div Y\times 100\%$。

5. 对桂林市甘蔗当年实际单产预测模型(模型一)关键指标的说明

(1)桂林市甘蔗当年实际单产与当年 3 月 1—31 日每日最低温度的平均值(X_2,℃)呈正相关,此阶段为甘蔗萌芽期,温度高有利于甘蔗萌芽。

(2)桂林市甘蔗当年实际单产与当年 8 月 6—31 日每日降水量的平均值(X_3,mm)呈正相关,此阶段为甘蔗伸长期,降水量多有利于甘蔗旺盛生长。

第二节　桂林市甘蔗当年实际单产预测模型(模型二)

1. 影响桂林市甘蔗当年实际气象单产的关键指标

影响桂林市甘蔗当年实际气象单产的关键指标见表 13-4,关键指标数据见表 13-5。

表 13-4　影响桂林市甘蔗当年实际气象单产的关键指标

变量和单位	定义	与当年实际气象单产的关系
X_1/%	当年 3 月 6—31 日每日平均相对湿度的平均值	正相关
X_2/h	当年 3 月 6—31 日每日日照时数的平均值	负相关
X_3/%	当年 8 月 6—31 日每日平均相对湿度的平均值	正相关
X_4/℃	当年 8 月 1—26 日每日平均温度的平均值	负相关

表 13-5　影响桂林市甘蔗当年实际气象单产的关键指标数据

年份	X_1/%	X_2/h	X_3/%	X_4/℃	Y/(t/hm^2)
2005	81.69	0.62	72.42	27.83	2.71
2006	81.65	1.32	72.96	28.46	2.26
2007	79.96	0.92	68.12	29.61	2.36
2008	79.69	1.89	76.15	28.29	−2.15
2009	74.92	2.77	67.85	29.72	−5.66
2010	71.15	2.44	67.27	29.84	−4.34
2011	73.62	1.43	65.31	29.20	−3.16
2012	72.15	1.75	71.31	28.69	1.05
2013	74.46	2.95	71.73	28.99	−4.33
2014	82.00	0.95	77.31	27.71	4.61
2015	82.69	0.83	76.96	28.25	1.27
2016	77.38	1.24	71.31	29.50	3.76
2017	82.00	0.59	78.38	28.81	2.76
2018	74.27	4.28	70.50	29.68	−1.58
2019	79.69	2.28	68.68	30.31	−1.18

注：Y 为甘蔗当年实际气象单产。

2. 桂林市甘蔗当年实际气象单产与单一关键指标关系模型

对表 13-5 中影响桂林市甘蔗当年实际气象单产的 4 个关键指标与桂林市甘蔗当年实际气象单产关系绘制散点图，结果分别见图 13-4 至图 13-7。

图 13-4 说明：桂林市甘蔗当年实际气象单产与当年 3 月 6—31 日每日平均相对湿度的平均值(X_1)呈显著正相关关系；甘蔗当年实际气象单产随 X_1 的增加而增加；回归方程为 $Y=0.022\,8\times X_1^2-2.995\,2\times X_1+95.068\,0$，$r=0.600^*$ ($n=15$，$r_{0.05}=0.514$，$r_{0.01}=0.641$)。

图 13-5 说明：桂林市甘蔗当年实际气象单产与当年 3 月 6—31 日每日日照时数的平均值(X_2)呈极显著负相关关系；甘蔗当年实际气象单产随 X_2 的增加而降低；回归方程为 $Y=-2.208\,6\times X_2+3.909\,7$，$r=-0.690^{**}$ ($n=15$，$r_{0.05}=0.514$，$r_{0.01}=0.641$)。

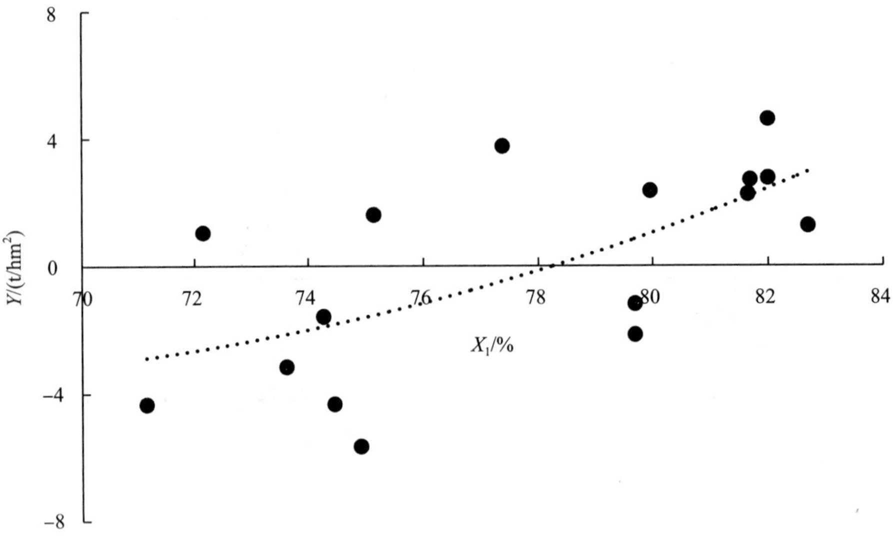

图 13-4　桂林市甘蔗当年实际气象单产 Y 与 X_1 的关系

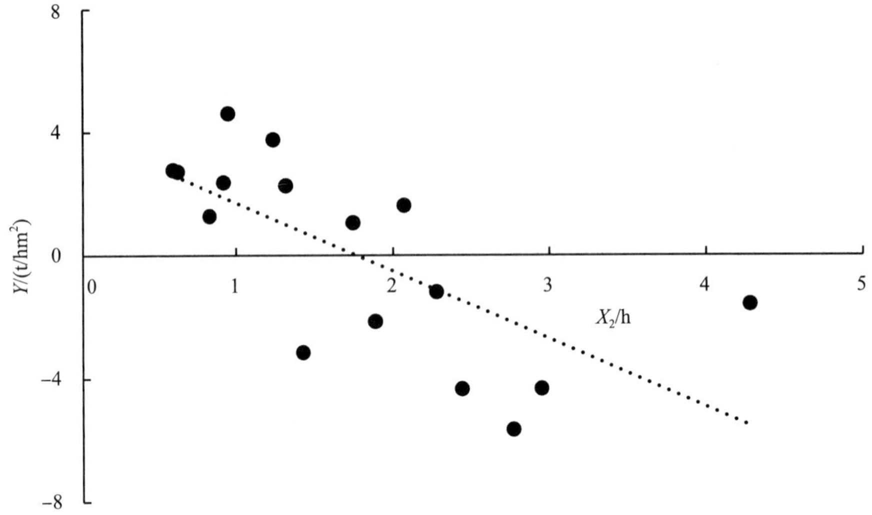

图 13-5　桂林市甘蔗当年实际气象单产 Y 与 X_2 的关系

图 13-6 说明：桂林市甘蔗当年实际气象单产与当年 8 月 6—31 日每日平均相对湿度的平均值(X_3)呈显著正相关关系；甘蔗当年实际气象单产随 X_3 的增加而增加；回归方程为 $Y=-0.0290\times X_3^2+4.6471\times X_3-183.5854$，$r=0.566^*$ ($n=15$，$r_{0.05}=0.514$，$r_{0.01}=0.641$)。

图 13-7 说明：桂林市甘蔗当年实际气象单产与当年 8 月 1—26 日每日平均温度的平均值(X_4)呈显著负相关关系；甘蔗当年实际气象单产随 X_4 的增加而降低；回归方程为 $Y=0.9005\times X_4^2-54.3059\times X_4+816.9765$，$r=-0.518^*$ ($n=15$，$r_{0.05}=0.514$，$r_{0.01}=0.641$)。

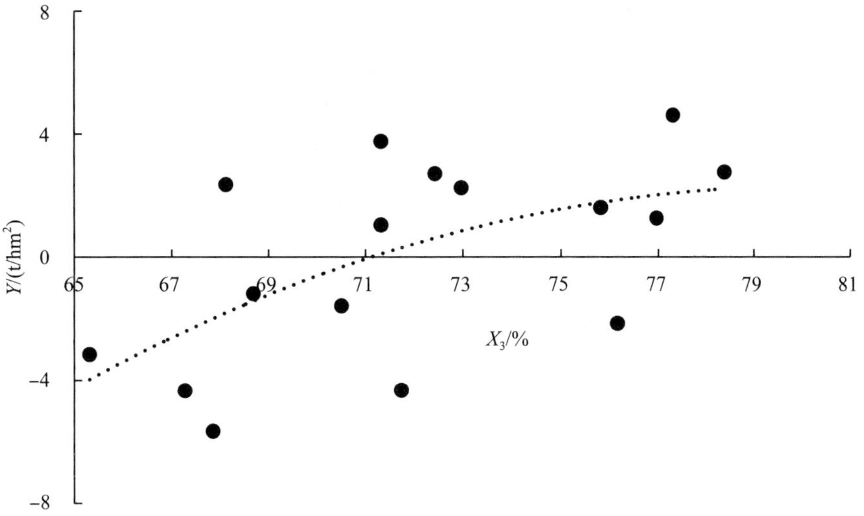

图 13-6　桂林市甘蔗当年实际气象单产 Y 与 X_3 的关系

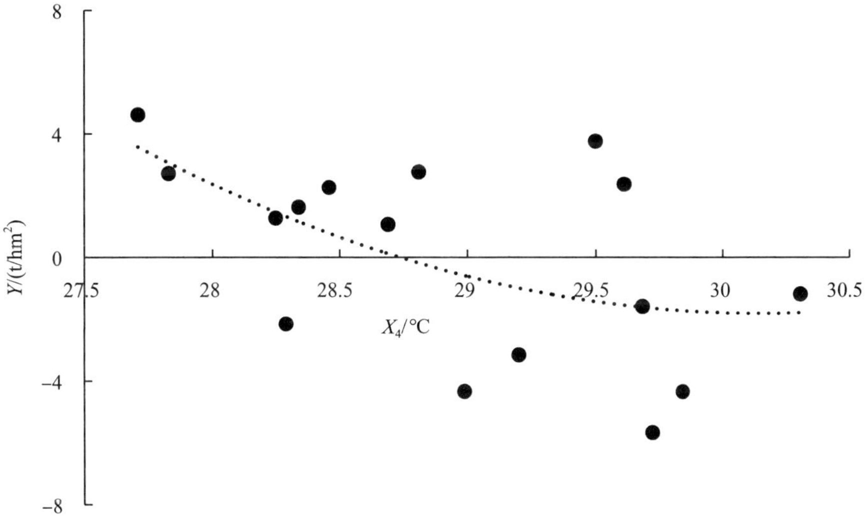

图 13-7　桂林市甘蔗当年实际气象单产 Y 与 X_4 的关系

3. 桂林市甘蔗当年实际气象单产预测模型

基于表 13-5 中的两个关键气象因子组合的综合预测模型，对桂林市 15 年已知甘蔗当年实际气象单产（Y）与使用表 13-5 中的 X_1、X_2、X_3、X_4 进行四元回归，得到预测模型：$Y=-34.0008+0.1807\times X_1-1.5890\times X_2+0.2018\times X_3+0.2806\times X_4$，$r=0.779^*$（$n=12$，$r_{0.05}=0.666$，$r_{0.01}=0.798$）。

4. 桂林市甘蔗当年实际单产预测模型（模型二）自回归误差分析

表 13-6 表明：桂林市甘蔗当年实际单产预测模型自回归误差 15 年全部在 10％以下，模型自回归预测误差低于 10％的比例为 100％，模型二合格。

表 13-6 桂林市甘蔗当年实际单产预测模型自回归结果 t/hm²

年份	Y	$Y'_{(1)}$	$Y'_{(2)}$	$Y'_{(3)}$	$Y'_{(4)}$	预测误差/%
2005	2.71	2.20	56.76	58.95	59.47	−0.87
2006	2.26	1.36	58.84	60.21	61.10	−1.46
2007	2.36	1.04	60.93	61.97	63.29	−2.09
2008	−2.15	0.70	63.02	63.72	60.87	4.68
2009	−5.66	−2.84	65.11	62.27	59.44	4.76
2010	−4.34	−3.08	67.20	64.12	62.86	2.00
2011	−3.16	−1.60	69.29	67.69	66.13	2.36
2012	1.05	−1.31	71.37	70.07	72.43	−3.26
2013	−4.33	−2.63	73.46	70.84	69.13	2.47
2014	4.61	2.68	75.55	78.23	80.16	−2.41
2015	1.27	3.08	77.64	80.72	78.91	2.29
2016	3.76	0.68	79.73	80.40	83.49	−3.70
2017	2.76	3.78	81.82	85.59	84.58	1.19
2018	−1.58	−4.83	83.90	79.07	82.32	−3.95
2019	−1.18	−0.86	85.99	85.13	84.81	0.38

注：Y 为当年实际气象单产，是以当年实际单产 Y 为纵坐标、以具体年为横坐标的回归方程回归值被当年实际单产 Y 减去所获得，其为正值时表示当年气象条件的单产好于多年平均气象条件的单产，其为负值时表示当年气象条件的单产劣于多年平均气象条件的单产，其为零时表示当年气象条件的单产等于多年平均气象条件的单产；$Y'_{(1)}$ 为通过模型二自回归预测的当年实际气象单产；$Y'_{(2)}$ 为当年实际单产与年份之间的回归方程回归值，也称当年平均气象条件单产；$Y'_{(3)}$ 为当年实际气象单产与当年平均气象条件单产之和，也称为当年单产预测值；$Y'_{(4)}$ 为当年实际单产；预测误差＝$(Y'_{(3)}-Y'_{(4)})\div Y'_{(4)}\times 100\%$。

5. 对桂林市甘蔗当年实际单产预测模型（模型二）关键指标的说明

(1)桂林市当年实际气象单产与当年 3 月 6—31 日每日平均相对湿度的平均值(X_1,%)呈正相关，此阶段为甘蔗萌芽期，相对湿度高有利于甘蔗萌芽。

(2)桂林市当年实际气象单产与当年 3 月 6—31 日每日日照时数的平均值(X_2,h)呈负相关，此阶段为甘蔗伸长期，日照时数过多不利于甘蔗根系生长。

(3)桂林市当年实际气象单产与当年 8 月 6—31 日每日平均相对湿度的平均值(X_3,%)呈正相关，此阶段为甘蔗伸长期，相对湿度高有利于甘蔗旺盛生长。

(4)桂林市当年实际气象单产与当年 8 月 1—26 日每日平均温度的平均值(X_4,℃)呈负相关，此阶段为甘蔗伸长期，温度过高不利于甘蔗健壮生长。

第三节　有关桂林市甘蔗当年实际单产预测模型（模型一和模型二）的讨论

模型关键指标比较：模型一使用的关键指标为3个，模型二的关键指标为4个。没有相同的指标。

模型相关系数比较：模型一是三元回归，模型二是四元回归，模型一相关系数为0.935，模型二相关系数0.779。

模型误差比较：模型一合格率为100%；模型二合格率为100%。

通过以上比较分析，说明两个模型均合格。

第四节　桂林市甘蔗当年实际单产预测模型（模型一和模型二）的验证

表13-7和表13-8为模型一和模型二的验证结果，验证结果为模型一合格，模型二合格。取两个模型预测结果的平均值，可以降低单一模型预测误差较大的风险，预测误差2020年、2021年分别为2.11%、3.59%，预测结果为合格。

表13-7　桂林市甘蔗当年实际单产预测模型验证（模型一）　　t/hm^2

年份	Y	Y'	预测误差/%	年份	Y	Y'	预测误差/%
2020	85.52	85.25	−0.32	2021	85.92	86.48	0.65

表13-8　桂林市甘蔗当年实际单产预测模型验证（模型二）　　t/hm^2

年份	Y	$Y'_{(1)}$	$Y'_{(2)}$	$Y'_{(3)}$	$Y'_{(4)}$	预测误差/%
2020	−2.56	1.32	88.08	89.40	85.52	4.54
2021	−4.24	1.35	90.17	91.52	85.92	6.52

第十四章　梧州市甘蔗单产预测模型研究

第一节　梧州市甘蔗当年实际单产预测模型(模型一)

1. 影响梧州市甘蔗当年实际单产的关键指标

影响梧州市甘蔗当年实际单产的关键指标见表 14-1，关键指标数据见表 14-2。

表 14-1　影响梧州市甘蔗当年实际单产的关键指标

变量和单位	定义	与当年实际单产的关系
X/℃	当年 9 月 26 日—10 月 31 日每日平均温度的平均值	负相关

表 14-2　影响梧州市甘蔗当年实际单产的关键指标数据

年份	X/℃	Y/(t/hm^2)	年份	X/℃	Y/(t/hm^2)
2005	24.39	61.49	2013	23.07	67.34
2006	25.91	59.27	2014	24.96	64.93
2007	24.68	66.88	2015	24.13	61.12
2008	24.88	66.37	2016	25.05	70.19
2009	24.89	66.23	2017	24.52	66.16
2010	23.23	68.69	2018	22.39	67.20
2011	22.87	72.54	2019	24.01	67.83
2012	24.22	68.11			

注：Y 为甘蔗当年实际单产。

2. 梧州市甘蔗当年实际单产与单一关键指标关系模型

对表 14-2 中影响梧州市甘蔗当年实际单产的 1 个关键指标与梧州市甘蔗当年实际单产关系绘制散点图，结果见图 14-1。

图 14-1 说明：梧州市甘蔗当年实际单产与当年 9 月 26 日—10 月 31 日每日平均温度的平均值(X)呈负相关关系；甘蔗当年实际单产随 X 的增加而降低；回归方程为 $Y=-1.850\,2\times X+111.087\,6$，$r=-0.510$($n=15$，$r_{0.10}=0.441$，$r_{0.05}=0.514$，$r_{0.01}=0.641$)。

3. 梧州市甘蔗当年实际单产预测模型(模型一)

基于表 14-2 中的一个关键指标建立综合预测模型：对梧州市 15 年已知甘蔗当年实际单产(Y)与表 14-2 中的 X 进行一元回归，得到预测模型：$Y=-1.850\,2\times X+111.087\,6$，$r=-0.510$($n=15$，$r_{0.10}=0.441$，$r_{0.05}=0.514$，$r_{0.01}=0.641$)。由于只有一个自变量，因此预测模型与图 14-1 中的模型一致。

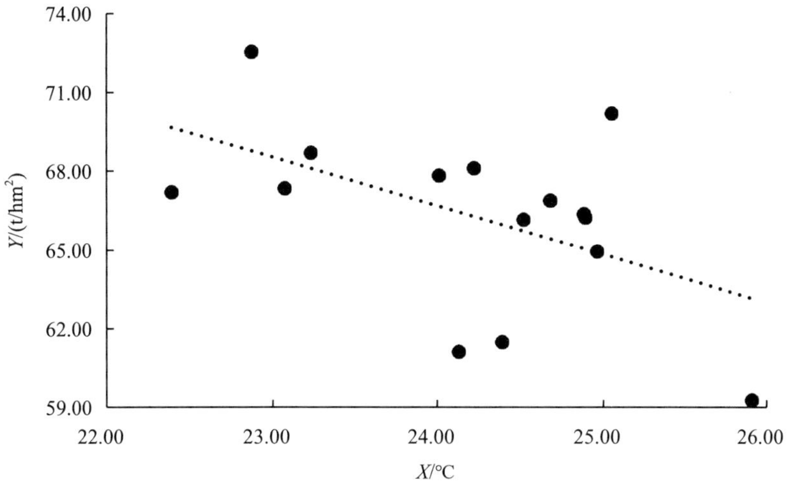

图 14-1　梧州市甘蔗当年实际单产 Y 与 X 的关系

4. 梧州市甘蔗当年实际单产预测模型(模型一)自回归误差分析

表 14-3 表明：梧州市甘蔗当年实际单产预测模型自回归误差 15 年全部在 10%以下，模型自回归预测误差低于 10%的比例为 100%，模型一合格。

表 14-3　梧州市甘蔗当年实际单产预测模型自回归结果　　t/hm^2

年份	Y	Y′	预测误差/%	年份	Y	Y′	预测误差/%
2005	61.49	65.96	7.27	2013	67.34	68.40	1.57
2006	59.27	63.15	6.55	2014	64.93	64.91	−0.02
2007	66.88	65.43	−2.17	2015	61.12	66.44	8.70
2008	66.37	65.06	−1.97	2016	70.19	64.74	−7.76
2009	66.23	65.04	−1.80	2017	66.16	65.72	−0.67
2010	68.69	68.11	−0.84	2018	67.20	69.66	3.66
2011	72.54	68.77	−5.20	2019	67.83	66.67	−1.71
2012	68.11	66.28	−2.69				

注：Y 为甘蔗当年实际单产；Y′为通过模型一自回归预测的甘蔗当年实际单产；预测误差＝(Y′−Y)÷Y×100%。

5. 对梧州市甘蔗当年实际单产预测模型(模型一)关键指标的说明

梧州市甘蔗当年实际单产：与当年 9 月 26 日—10 月 31 日每日平均温度的平均值(X，℃)呈负相关，此阶段为甘蔗伸长期和成熟期，温度过高不有利于甘蔗生长和成熟。

第二节　梧州市甘蔗当年实际单产预测模型(模型二)

1. 影响梧州市甘蔗当年实际气象单产的关键指标

影响梧州市甘蔗当年实际气象单产的关键指标见表 14-4，关键指标数据见表 14-5。

表 14-4 影响梧州市甘蔗当年实际气象单产的关键指标

变量和单位	定义	与当年实际气象单产的关系
X_1/℃	当年 4 月 1 日—5 月 26 日每日最高温度的平均值	负相关
X_2/℃	当年 10 月 1—31 日每日平均温度的平均值	负相关

表 14-5 影响梧州市甘蔗当年实际气象单产的关键指标数据

年份	X_1/℃	X_2/℃	$Y/(t/hm^2)$	年份	X_1/℃	X_2/℃	$Y/(t/hm^2)$
2005	36.80	23.97	−4.31	2013	34.80	23.01	0.58
2006	34.60	25.65	−6.65	2014	34.60	24.47	−1.95
2007	35.10	24.23	0.84	2015	36.30	23.65	−5.88
2008	33.50	24.73	0.21	2016	33.30	24.78	3.07
2009	34.30	24.57	−0.04	2017	33.50	23.86	−1.08
2010	33.30	22.73	2.30	2018	36.00	21.93	−0.16
2011	33.30	22.26	6.02	2019	36.00	23.80	0.35
2012	35.90	23.99	1.47				

注:Y 为甘蔗当年实际气象单产。

2. 梧州市甘蔗当年实际气象单产与单一关键指标关系模型

对表 14-5 中影响梧州市甘蔗当年实际气象单产的 2 个关键指标与梧州市甘蔗当年实际气象单产关系绘制散点图,结果分别见图 14-2 和图 14-3。

图 14-2 说明:梧州市甘蔗当年实际气象单产与当年 4 月 1 日—5 月 26 日每日最高温度的平均值(X_1)呈显著负相关关系;甘蔗当年实际气象单产随 X_1 的增加而降低;回归方程为 $Y=0.191\,8\times X_1^2-14.955\,3\times X_1+287.717\,3$,$r=-0.538^*$($n=15$,$r_{0.05}=0.514$,$r_{0.01}=0.641$)。

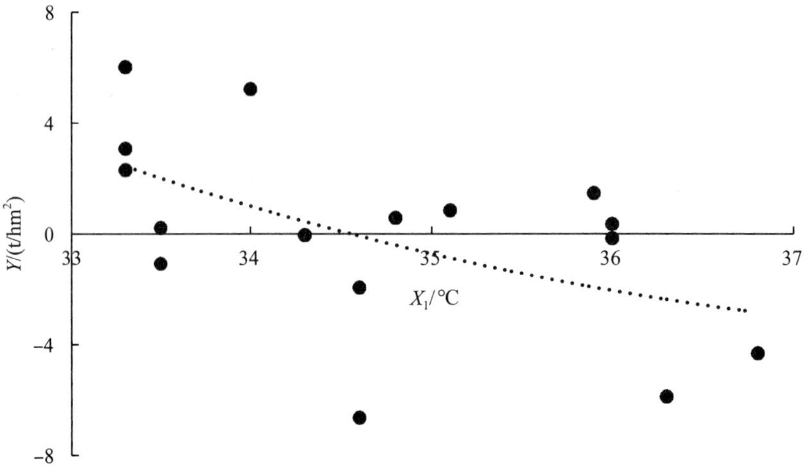

图 14-2 梧州市甘蔗当年实际气象单产 Y 与 X_1 的关系

图 14-3 说明：梧州市甘蔗当年实际气象单产与当年 10 月 1—31 日每日平均温度的平均值（X_2）呈显著负相关关系；甘蔗当年实际气象单产随 X_2 的增加而降低；回归方程为 $Y=-1.784\ 1\times X_2+42.397\ 0$，$r=-0.521^*$（$n=15$，$r_{0.05}=0.514$，$r_{0.01}=0.641$）。

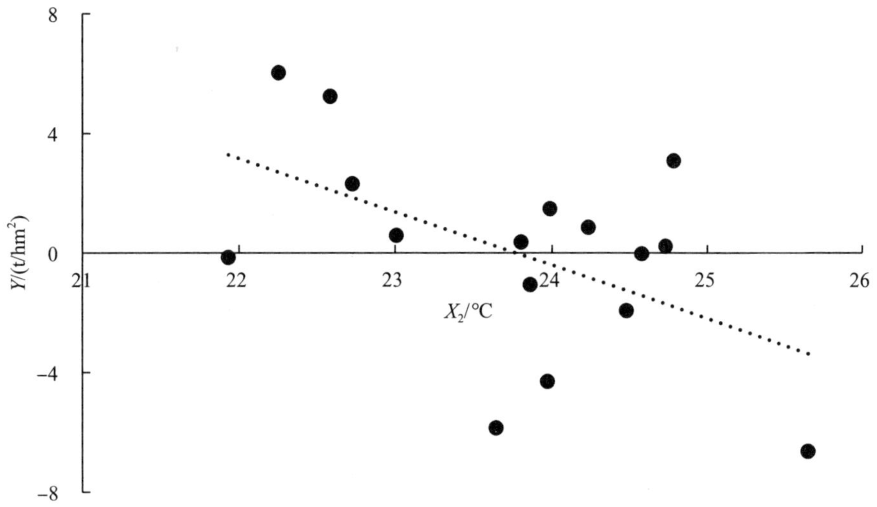

图 14-3　梧州市甘蔗当年实际气象单产 Y 与 X_2 的关系

3. 梧州市甘蔗当年实际气象单产预测模型

基于表 14-5 中的两个关键气象因子建立综合预测模型：对梧州市 15 年已知甘蔗当年实际气象单产（Y）与使用表 14-5 中的 X_1、X_2 进行二元回归，得到预测模型：$Y=93.202\ 3-1.546\ 7\times X_1-1.669\ 2\times X_2$，$r=0.727^{**}$（$n=15$，$r_{0.05}=0.532$，$r_{0.01}=0.661$）。

4. 梧州市甘蔗当年实际单产预测模型（模型二）自回归误差分析

表 14-6 表明：梧州市甘蔗当年实际单产预测模型自回归误差 15 年全部在 10%以下，模型自回归预测误差低于 10%的比例为 100%，模型二合格。

表 14-6　梧州市甘蔗当年实际单产预测模型自回归结果　　t/hm^2

年份	Y	$Y'_{(1)}$	$Y'_{(2)}$	$Y'_{(3)}$	$Y'_{(4)}$	预测误差/%
2005	−4.31	−3.73	65.80	62.07	61.49	0.94
2006	−6.65	−3.14	65.92	62.78	59.27	5.92
2007	0.84	−1.54	66.04	64.50	66.88	−3.56
2008	0.21	0.12	66.16	66.27	66.37	−0.15
2009	−0.04	−0.86	66.28	65.41	66.23	−1.24
2010	2.30	3.76	66.40	70.15	68.69	2.13
2011	6.02	4.54	66.52	71.06	72.54	−2.04
2012	1.47	−2.36	66.64	64.27	68.11	−5.64

续表 14-6

年份	Y	$Y'_{(1)}$	$Y'_{(2)}$	$Y'_{(3)}$	$Y'_{(4)}$	预测误差/%
2013	0.58	0.97	66.76	67.73	67.34	0.58
2014	−1.95	−1.17	66.88	65.71	64.93	1.20
2015	−5.88	−2.41	67.00	64.59	61.12	5.68
2016	3.07	0.33	67.12	67.45	70.19	−3.90
2017	−1.08	1.56	67.24	68.80	66.16	3.99
2018	−0.16	0.91	67.36	68.27	67.20	1.59
2019	0.35	−2.21	67.48	65.27	67.83	−3.77

注：Y 为当年实际气象单产，是以当年实际单产 Y 为纵坐标、以具体年为横坐标的回归方程回归值被当年实际单产 Y 减去所获得，其为正值时表示当年气象条件的单产好于多年平均气象条件的单产，其为负值时表示当年气象条件的单产劣于多年平均气象条件的单产，其为零时表示当年气象条件的单产等于多年平均气象条件的单产；$Y'_{(1)}$ 为通过模型二自回归预测的当年实际气象单产；$Y'_{(2)}$ 为当年实际单产与年份之间的回归方程回归值，也称当年平均气象条件单产；$Y'_{(3)}$ 为当年实际气象单产与当年平均气象条件单产之和，也称为当年单产预测值；$Y'_{(4)}$ 为当年实际单产；预测误差＝$(Y'_{(3)}-Y'_{(4)})\div Y'_{(4)}\times 100\%$。

5. 对梧州市甘蔗当年实际单产预测模型(模型二)关键指标的说明

(1)梧州市当年实际气象单产与当年 4 月 1 日—5 月 26 日每日最高温度的平均值(X_1,℃)呈负相关，此阶段为甘蔗萌芽期和幼苗期，温度过高不利于甘蔗萌芽和幼苗生长。

(2)梧州市当年实际气象单产与当年 10 月 1—31 日每日平均温度的平均值(X_2,℃)呈负相关，此阶段为甘蔗成熟期，温度过高不利于甘蔗成熟。

第三节　有关梧州市甘蔗当年实际单产预测模型(模型一和模型二)的讨论

模型关键指标比较：模型一关键指标为 1 个，模型二为 2 个；没有共同指标。

模型相关系数比较：模型一是一元回归，模型二是二元回归，模型一相关系数是 0.510，模型二相关系数 0.727。

模型误差比较：模型一合格率为 100%；模型二合格率为 100%。

通过以上比较分析，说明两个模型均合格。

第四节　梧州市甘蔗当年实际单产预测模型(模型一和模型二)的验证

表 14-7 和表 14-8 为模型一和模型二的验证结果，验证结果为模型一合格，模型二合格。取两个模型预测结果的平均值，可以降低单一模型预测误差较大的风险，预测误差 2020 年、2021 年分别为 5.49%、6.92%，预测结果合格。

表 14-7　梧州市甘蔗当年实际单产预测模型验证(模型一)　t/hm^2

年份	Y	Y'	预测误差/%	年份	Y	Y'	预测误差/%
2020	67.36	69.77	3.58	2021	65.85	68.42	3.90

表 14-8　梧州市甘蔗当年实际单产预测模型验证(模型二)　t/hm^2

年份	Y	$Y'_{(1)}$	$Y'_{(2)}$	$Y'_{(3)}$	$Y'_{(4)}$	预测误差/%
2020	−0.24	4.74	67.60	72.34	67.36	7.39
2021	−1.87	4.67	67.72	72.39	65.85	9.93

第十五章　贺州市甘蔗单产预测模型研究

第一节　贺州市甘蔗当年实际单产预测模型(模型一)

1. 影响贺州市甘蔗当年实际单产的关键指标

影响贺州市甘蔗当年实际单产的关键指标见表 15-1,关键指标数据见表 15-2。

表 15-1　影响贺州市甘蔗当年实际单产的关键指标

变量和单位	定义	与当年实际单产的关系
X_1/h	当年 8 月 1—26 日每日日照时数的平均值	负相关
X_2/℃	当年 8 月 1—26 日每日平均温度的平均值	负相关

表 15-2　影响贺州市甘蔗当年实际单产的关键指标数据

年份	X_1/h	X_2/℃	Y/(t/hm²)	年份	X_1/h	X_2/℃	Y/(t/hm²)
2005	5.83	28.52	71.93	2013	5.76	28.07	61.05
2006	6.72	28.75	68.57	2014	5.07	27.37	66.48
2007	5.80	29.78	54.50	2015	7.08	28.34	61.33
2008	5.87	29.19	67.34	2016	5.11	28.24	63.92
2009	7.15	29.67	55.30	2017	6.10	28.77	62.78
2010	8.13	29.86	58.48	2018	5.87	28.03	63.64
2011	7.68	30.01	57.90	2019	7.07	28.93	64.78
2012	6.14	27.73	61.84				

注:Y 为甘蔗当年实际单产。

2. 贺州市甘蔗当年实际单产与单一关键指标关系模型

对表 15-2 中影响贺州市甘蔗当年实际单产的 2 个关键指标与贺州市甘蔗当年实际单产关系绘制散点图,结果见图 15-1 和图 15-2。

图 15-1 说明:贺州市甘蔗当年实际单产与当年 8 月 1—26 日每日日照时数的平均值(X_1)呈负相关关系;甘蔗当年实际单产随 X_1 的增加而降低;回归方程为 $Y=-2.674\ 2\times X_1+79.409\ 4$,$r=-0.495$($n=15$,$r_{0.10}=0.441$,$r_{0.05}=0.514$,$r_{0.01}=0.641$)。

图 15-2 说明:贺州市甘蔗当年实际单产与当年 8 月 1—26 日每日平均温度的平均值(X_2)呈显著负相关关系;甘蔗当年实际单产随 X_2 的增加而降低;回归方程为 $Y=-3.385\ 3\times X_2+159.571\ 7$,$r=-0.530^{*}$($n=15$,$r_{0.05}=0.514$,$r_{0.01}=0.641$)。

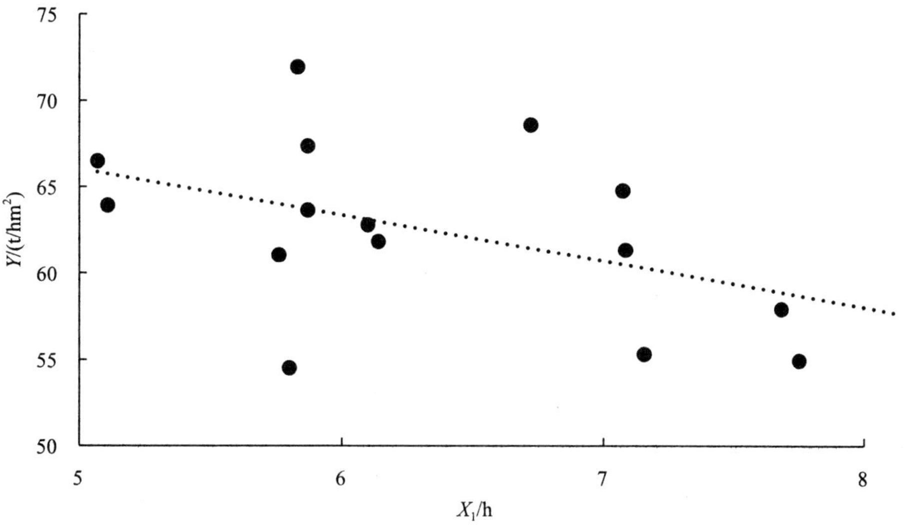

图 15-1　贺州市甘蔗当年实际单产 Y 与 X_1 的关系

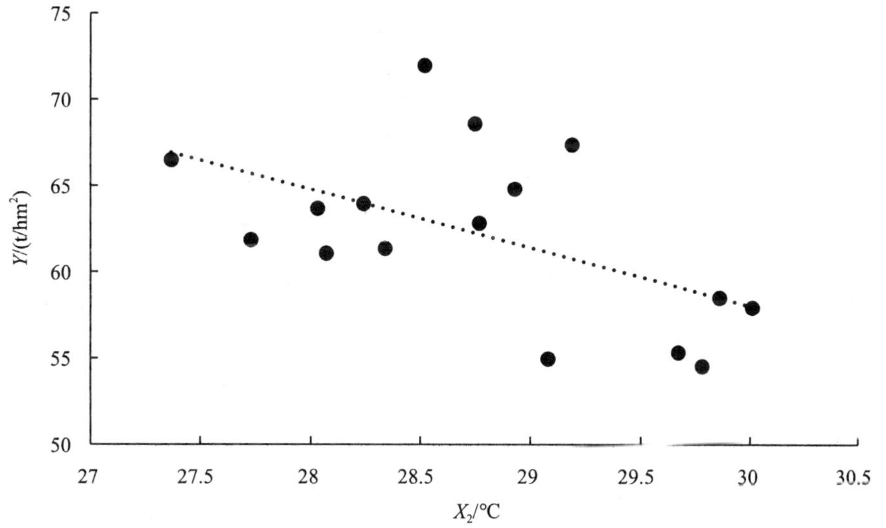

图 15-2　贺州市甘蔗当年实际单产 Y 与 X_2 的关系

3. 贺州市甘蔗当年实际单产预测模型(模型一)

基于表 15-2 中的两个关键指标建立综合预测模型，对贺州市 15 年已知甘蔗当年实际单产(Y)与表 15-2 中的 X_1、X_2 进行二元回归，得到预测模型：$Y=137.344\ 4-1.399\ 2\times X_1-2.299\ 3\times X_2$，$r=0.564^*$ ($n=15$，$r_{0.05}=0.532$，$r_{0.01}=0.661$)。

4. 贺州市甘蔗当年实际单产预测模型(模型一)自回归误差分析

表 15-3 表明贺州市甘蔗当年实际单产预测模型自回归误差有 13 年在 10%以下，有 2 年在 10%以上，模型自回归预测误差低于 10%的比例为 86.7%，模型一合格。

表 15-3　贺州市甘蔗当年实际单产预测模型自回归结果

年份	Y	Y'	预测误差/%	年份	Y	Y'	预测误差/%
2005	71.93	63.61	−11.57	2013	61.05	64.74	6.04
2006	68.57	61.84	−9.82	2014	66.48	67.32	1.26
2007	54.50	60.76	11.49	2015	61.33	62.28	1.55
2008	67.34	62.02	−7.90	2016	63.92	65.26	2.10
2009	55.30	59.12	6.91	2017	62.78	62.66	−0.19
2010	58.48	57.31	−2.00	2018	63.64	64.68	1.63
2011	57.90	57.60	−0.52	2019	64.78	60.93	−5.94
2012	61.84	64.99	5.09				

注：Y 为甘蔗当年实际单产；Y' 为通过模型一自回归预测的甘蔗当年实际单产；预测误差 $=(Y'-Y)\div Y\times 100\%$。

5. 对贺州市甘蔗当年实际单产预测模型(模型一)关键指标的说明

(1)贺州市甘蔗当年实际单产与当年 8 月 1—26 日每日日照时数的平均值(X_1，h)呈负相关，此阶段为甘蔗伸长期，日照时数过高不利于甘蔗健壮生长。

(2)贺州市甘蔗当年实际单产与当年 8 月 1—26 日每日平均温度的平均值(X_2，℃)呈负相关，此阶段为甘蔗伸长期，温度过高不利于甘蔗健壮生长。

第二节　贺州市甘蔗当年实际单产预测模型(模型二)

1. 影响贺州市甘蔗当年实际气象单产的关键指标

影响贺州市甘蔗当年实际气象单产的关键指标见表 15-4，关键指标数据见表 15-5。

表 15-4　影响贺州市甘蔗当年实际气象单产的关键指标

变量和单位	定义	与当年实际气象单产的关系
X_1/h	当年 8 月 1—26 日每日日照时数的平均值	负相关
X_2/℃	当年 8 月 1—26 日每日平均温度的平均值	负相关

表 15-5　影响贺州市甘蔗当年实际气象单产的关键指标数据

年份	X_1/h	X_2/℃	Y/(t/hm^2)	年份	X_1/h	X_2/℃	Y/(t/hm^2)
2005	5.83	28.52	9.76	2009	7.15	29.67	−6.87
2006	6.72	28.75	6.40	2010	8.13	29.86	−3.69
2007	5.80	29.78	−7.68	2011	7.68	30.01	−4.27
2008	5.87	29.19	5.17	2012	6.14	27.73	−0.34

续表 15-5

年份	X_1/h	X_2/℃	Y/(t/hm²)	年份	X_1/h	X_2/℃	Y/(t/hm²)
2013	5.76	28.07	−1.12	2017	6.10	28.77	0.61
2014	5.07	27.37	4.31	2018	5.87	28.03	1.47
2015	7.08	28.34	−0.85	2019	7.07	28.93	2.60
2016	5.11	28.24	1.75				

注:Y 为当年实际气象单产。

2. 贺州市甘蔗当年实际气象单产与单一关键指标关系模型

对表 15-5 中影响贺州市甘蔗当年实际气象单产的 2 个关键指标与贺州市甘蔗当年实际气象单产关系绘制散点图,结果见图 15-3 和图 15-4。

图 15-3 说明:贺州市甘蔗当年实际气象单产与当年 8 月 1—26 日每日日照时数的平均值(X_1)呈负相关关系;甘蔗当年实际气象单产随 X_1 的增加而降低;回归方程为 $Y=-2.2162\times X_1+14.5753$,$r=-0.412$($n=15$,$r_{0.10}=0.441$,$r_{0.05}=0.514$,$r_{0.01}=0.641$)。

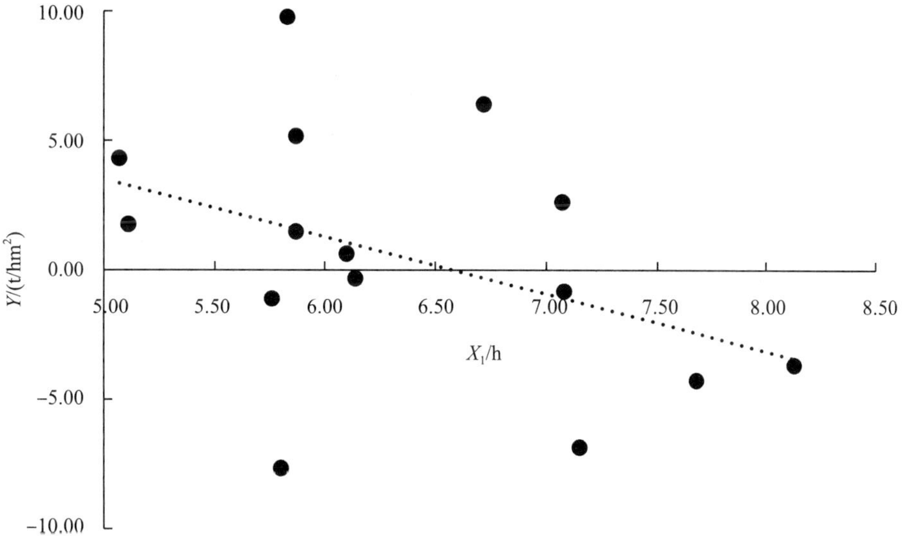

图 15-3 贺州市甘蔗当年实际气象单产 Y 与 X_1 的关系

图 15-4 说明:贺州市甘蔗当年实际气象单产与当年 8 月 1—26 日每日平均温度的平均值(X_2)呈显著负相关关系;甘蔗当年实际气象单产随 X_2 的增加而降低;回归方程为 $Y=-3.1670\times X_2+91.5356$,$r=-0.533^*$($n=15$,$r_{0.05}=0.514$,$r_{0.01}=0.641$)。

3. 贺州市甘蔗当年实际气象单产预测模型

基于表 15-5 中的两个关键气象因子组合的综合预测模型:对贺州市 15 年已知甘蔗当年实际气象单产(Y)与使用表 15-5 中的 X_1、X_2 进行二元回归,得到预测模型:$Y=83.4607-0.5427\times X_1-2.7661\times X_2$,$r=0.538^*$($n=15$,$r_{0.05}=0.532$,$r_{0.01}=0.661$)。

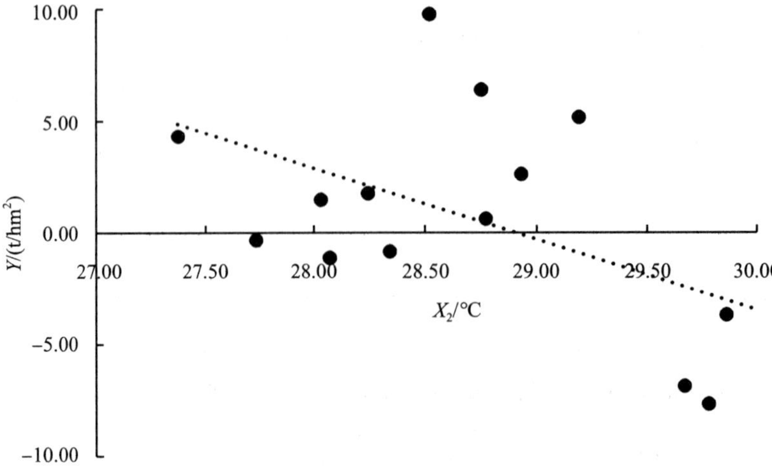

图 15-4 贺州市甘蔗当年实际气象单产 Y 与 X_2 的关系

4. 贺州市甘蔗当年实际单产预测模型(模型二)自回归误差分析

表 15-6 表明:贺州市甘蔗当年实际单产预测模型自回归误差有 13 年在 10%以下,有 2 年在 10%以上,模型自回归预测误差低于 10%的比例为 86.7%,模型二合格。

表 15-6 贺州市甘蔗当年实际单产预测模型自回归结果

年份	Y	$Y'_{(1)}$	$Y'_{(2)}$	$Y'_{(3)}$	$Y'_{(4)}$	预测误差/%
2005	9.76	1.41	62.17	63.58	71.93	−11.61
2006	6.40	0.29	62.17	62.46	68.57	−8.91
2007	−7.68	−2.06	62.17	60.11	54.50	10.29
2008	5.17	−0.47	62.17	61.71	67.34	−8.36
2009	−6.87	−2.49	62.17	59.68	55.30	7.92
2010	−3.69	−3.55	62.17	58.63	58.48	0.26
2011	−4.27	−3.72	62.17	58.46	57.90	0.97
2012	−0.34	3.43	62.17	65.60	61.84	6.08
2013	−1.12	2.69	62.17	64.86	61.05	6.24
2014	4.31	5.00	62.17	67.17	66.48	1.04
2015	−0.85	1.23	62.17	63.40	61.33	3.38
2016	1.75	2.57	62.17	64.75	63.92	1.30
2017	0.61	0.57	62.17	62.74	62.78	−0.06
2018	1.47	2.74	62.17	64.91	63.64	2.00
2019	2.60	−0.40	62.17	61.77	64.78	−4.65

注:Y 为当年实际气象单产,是以当年实际单产 Y 为纵坐标、以具体年为横坐标的回归方程回归值被当年实际单产 Y 减去所获得,其为正值时表示当年气象条件的单产好于多年平均气象条件的单产,其为负值时表示当年气象条件的单产劣于多年平均气象条件的单产,其为零时表示当年气象条件的单产等于多年平均气象条件的单产;$Y'_{(1)}$ 为通过模型二自回归预测的当年实际气象单产;$Y'_{(2)}$ 为当年实际单产与年份之间的回归方程回归值,也称当年平均气象条件单产;$Y'_{(3)}$ 为当年实际气象单产与当年平均气象条件单产之和,也称为当年单产预测值;$Y'_{(4)}$ 为当年实际单产;预测误差$=(Y'_{(3)}-Y'_{(4)})\div Y'_{(4)}\times 100\%$。

5. 对贺州市甘蔗当年实际单产预测模型(模型二)关键指标的说明

(1)贺州市当年实际气象单产与当年 8 月 1—26 日每日日照时数的平均值(X_1,h)呈负相关,此阶段为甘蔗伸长期,日照时数过高不利于甘蔗健壮生长。

(2)贺州市当年实际气象单产与当年 8 月 1—26 日每日平均温度的平均值(X_2,℃)呈负相关,此阶段为甘蔗伸长期,温度过高不利于甘蔗健壮生长。

第三节 有关贺州市甘蔗当年实际单产预测模型(模型一和模型二)的讨论

模型关键指标比较:模型一与模型二使用相同的关键指标。

模型相关系数比较:两个模型都是二元回归;模型一相关系数是 0.564,模型二相关系数是 0.538。

模型误差比较:模型一合格率为 86.7%;模型二合格率为 86.7%。

通过以上比较分析,说明两个模型均合格。

第四节 贺州市甘蔗当年实际单产预测模型(模型一和模型二)的验证

表 15-7 和表 15-8 为模型一和模型二的验证结果,验证结果为模型一合格,模型二合格。取两个模型预测结果的平均值,可以降低单一模型预测误差较大的风险,预测误差 2020 年、2021 年分别为 5.13%、0.49%,预测结果为合格。

表 15-7 贺州市甘蔗当年实际单产预测模型验证(模型一) t/hm^2

年份	Y	Y'	预测误差/%	年份	Y	Y'	预测误差/%
2020	66.02	69.03	4.56	2021	67.53	67.5	−0.04

表 15-8 贺州市甘蔗当年实际单产预测模型验证(模型二) t/hm^2

年份	Y	$Y'_{(1)}$	$Y'_{(2)}$	$Y'_{(3)}$	$Y'_{(4)}$	预测误差/%
2020	2.77	6.53	63.26	69.79	66.02	5.71
2021	4.15	4.83	63.38	68.21	67.53	1.01

第十六章　综合研究

广西 14 个地区研究案例分析，结果表明：气象条件是甘蔗单产波动的主要影响因素。

甘蔗一生可以分为萌芽期、幼苗期、分蘖期、伸长期和成熟期 5 个时期。

(1)萌芽期。自甘蔗下种至蔗芽萌发出土的芽数占总芽数的 80%以上时，称为萌芽期；田间管理上要求萌芽迅速、整齐，萌芽率高。

(2)幼苗期。甘蔗的蔗芽萌发出土后，从有 10%的蔗苗长出 1 片真叶起，至有 50%以上的蔗苗长出 5 片真叶，称为幼苗期，田间管理要求苗全、苗齐、苗匀、苗壮。

(3)分蘖期。自甘蔗有分蘖的蔗苗占 10%到全部开始拔节前，称为分蘖期。生产上要求分蘖早生快发，抑制迟生的无效分蘖，提高分蘖的成茎率，以增加单位面积的有效茎数。

(4)伸长期。自蔗株开始拔节至伸长基本停止，称为伸长期，它包括蔗茎节数增加和节间的伸长，还包括叶片和根系的生长。

(5)成熟期。甘蔗成熟分为工艺成熟和生理成熟；工艺成熟是指蔗茎中蔗糖糖分的积累达到最高水平；生理成熟是指开花结实。甘蔗制糖需要工艺成熟，杂交育种亲本需要生理成熟。

第一节　当年实际单产预测模型一和模型二的异同点

当年实际单产预测模型一和模型二是两种定量预测模型，所使用的关键指标不完全相同；模型二预测的当年实际气象单产需要转算成当年预测单产；两种预测模型可以互相验证；对于固定的区域可以优选 1 种或 2 种同时使用。

第二节　广西 14 个地区甘蔗单产预测模型指标体系

按广西 14 个地区两类模型整理指标体系，如表 16-1 所示。再按指标出现的次数统计，结果见表 16-2。可见：①模型一温度出现 18 次，模型二温度出现 15 次；模型一湿度出现 14 次，模型二湿度出现 7 次；模型一日照时数出现 6 次，模型二日照时数出现 9 次；模型一降水量出现 3 次，模型二降水量出现 2 次；可见，气象指标对单产影响顺序为：温度、湿度、日照时数、降水量；②模型一 14 个模型中的 10 个模型有去年实际单产指标，模型二 14 个模型中有 5 次使用去年实际气象单产指标。付建涛等[10]分析了 1990—2015 年广东、广西和云南气象数据和国家统计局甘蔗单产的关系，发现全国甘蔗单产与温度和降水量呈正相关，其中温度变化对甘蔗单产产生显著影响，与本研究中温度是最关键的气象指标结论一致。

表 16-1　广西 14 个地区甘蔗单产预测模型指标体系

地区	模型一指标(相关关系)	模型二指标(相关关系)
南宁	去年实际单产(t/hm^2)(正相关)	去年实际气象单产(t/hm^2)(正相关)
	当年 3 月 6—31 日每日平均相对湿度的平均值(%)(正相关)	当年 7 月 1 日—8 月 31 日每日平均相对湿度的平均值(%)(正相关)
	当年 7 月 1 日—8 月 31 日每日平均相对湿度的平均值(%)(正相关)	当年 7 月 27 日—8 月 31 日每日最低温度的平均值(℃)(正相关)
	当年 8 月 1 日—10 月 31 日每日最低温度的平均值(℃)(正相关)	
崇左	去年实际单产(t/hm^2)(正相关)	当年 5 月 1—26 日的每日日照时数的平均值(h)(正相关)
	当年 6 月 1—25 日每日最高温度的平均值(℃)(正相关)	当年 8 月 1—31 日每日相对湿度的平均值(%)(正相关)
	当年 6 月 1 日—7 月 31 日每日平均温度的平均值(℃)(正相关)	
	当年 10 月 1—26 日每日降水量的平均值(mm)(正相关)	
	当年 9 月 26 日—10 月 31 日每日相对湿度的平均值(%)(正相关)	
来宾	去年实际单产(t/hm^2)(正相关)	去年气象产量(t/hm^2)(正相关)
	当年 3 月 6—31 日每日平均相对湿度的平均值(%)(正相关)	当年 6 月 6—30 日每日日照时数的平均值(h)(正相关)
	当年 3 月 1—31 日每日最低温度的平均值(℃)(正相关)	当年 7 月 6—31 日每日最低温度的平均值(℃)(负相关)
	当年 5 月 1—31 日每日平均相对湿度的平均值(%)(止相关)	当年 7 月 1 日—9 月 5 日每日平均相对湿度的平均值(%)(正相关)
	当年 7 月 1 日—9 月 5 日每日平均温度的平均值(℃)(负相关)	当年 7 月 1 日—9 月 5 日每日平均温度的平均值(℃)(负相关)
	当年 8 月 1—31 日每日日照时数的平均值(h)(负相关)	当年 8 月 1—31 日每日日照时数的平均值(h)(负相关)
	当年 7 月 1 日—10 月 31 日每日平均相对湿度的平均值(%)(正相关)	
柳州	去年实际单产(t/hm^2)(正相关)	当年 4 月 1 日—5 月 26 日每日日照时数的平均值(h)(正相关)
	当年 7 月 1—31 日每日最低温度的平均值(℃)(负相关)	当年 7 月 1 日—8 月 5 日每日最低温度的平均值(℃)(负相关)

续表 16-1

地区	模型一指标(相关关系)	模型二指标(相关关系)
河池	去年实际单产(t/hm^2)(正相关) 当年6月1—30日每日日照时数的平均值(h)(正相关) 当年8月1—26日每日最低温度的平均值(℃)(正相关)	去年实际气象单产(t/hm^2)(正相关) 当年6月1—30日每日日照时数的平均值(h)(正相关) 当年8月1日—9月25日每日最低温度的平均值(℃)(正相关)
百色	当年7月1—31日每日最低温度的平均值(℃)(负相关)	当年3月6—31日每日最高温度的平均值(℃)(正相关) 当年7月1—26日每日最低温度的平均值(℃)(负相关)
钦州市	当年7月1日—8月31日每日日照时数的平均值(h)(负相关) 当年7月27日—8月31日每日平均温度的平均值(℃)(负相关) 当年7月27日—8月31日每日降水量的平均值(mm)(正相关)	当年7月1—31日每日日照时数的平均值(h)(负相关) 当年7月27日—8月31日每日降水量的平均值(mm)(正相关)
防城港	去年实际单产(t/hm^2)(正相关) 当年7月6—31日每日日照时数的平均值(h)(相关)	去年实际气象单产(t/hm^2)(正相关) 当年7月6—31日每日平均温度的平均值(℃)(正相关)
北海	去年实际单产(t/hm^2)(正相关) 当年3月1—31日每日最低温度的平均值(℃)(正相关) 当年6月1日—7月5日每日最高温度的平均值(℃)(正相关) 当年7月1日—8月5日每日最低温度的平均值(℃)(正相关) 当年8月1日—9月5日每日日照时数的平均值(h)(负相关) 当年8月6日—9月30日每日平均温度的平均值(℃)(正相关)	当年6月1—25日每日降水量的平均值(mm)(负相关) 当年10月6—31日每日日照时数的平均值(h)(负相关)
贵港	去年实际单产(t/hm^2)(正相关) 当年3月1日—4月5日每日相对湿度的平均值(%)(正相关) 当年3月1—31日每日最低温度的平均值(℃)(正相关) 当年5月1日—6月5日每日相对湿度的平均值(%)(正相关) 当年8月1—26日每日相对湿度的平均值(%)(正相关) 当年10月1日—11月5日每日相对湿度的平均值(%)(正相关)	去年实际气象单产(t/hm^2)(正相关) 当年8月1—31日每日相对湿度的平均值(%)(正相关) 当年10月1—31日每日最高温度的平均值(℃)(正相关)

续表 16-1

地区	模型一指标(相关关系)	模型二指标(相关关系)
玉林	去年实际单产(t/hm^2)(正相关)	当年 8 月 1—26 日每日平均相对湿度的平均值(%)(正相关)
	当年 3 月 1—26 日每日平均相对湿度的平均值(%)(正相关)	当年 8 月 1 日—9 月 25 日每日平均温度的平均值(℃)(负相关)
	当年 5 月 1—31 日每日平均相对湿度的平均值(%)(正相关)	当年 9 月 1—25 日每日最低温度的平均值(℃)(负相关)
	当年 8 月 1—26 日每日平均相对湿度的平均值(%)(正相关)	
	当年 7 月 27 日—8 月 31 日每日平均温度的平均值(℃)(负相关)	
	当年 10 月 1 日—11 月 5 日每日平均相对湿度的平均值(%)(正相关)	
桂林	去年实际单产(t/hm^2)(正相关)	当年 3 月 6—31 日每日平均相对湿度的平均值(%)(正相关)
	当年 3 月 1—31 日每日最低温度的平均值(℃)(正相关)	当年 3 月 6—31 日每日日照时数的平均值(h)(负相关)
	当年 8 月 6—31 日每日降水量的平均值(mm)(正相关)	当年 8 月 6—31 日每日平均相对湿度的平均值(%)(正相关)
		当年 8 月 1—26 日每日平均温度的平均值(℃)(负相关)
梧州	当年 9 月 26 日—10 月 31 日每日平均温度的平均值(℃)(负相关)	当年 4 月 1 日—5 月 26 日每日最高温度的平均值(℃)(负相关)
		当年 10 月 1—31 日每日平均温度的平均值(℃)(负相关)
贺州	当年 8 月 1—26 日每日日照时数的平均值(h)(负相关)	当年 8 月 1—26 日每日日照时数的平均值(h)(负相关)
	当年 8 月 1—26 日每日平均温度的平均值(℃)(负相关)	当年 8 月 1—26 日每日平均温度的平均值(℃)(负相关)

表 16-2　模型中各类指标使用次数

指标	模型一	模型二	指标	模型一	模型二
温度	18 次	15 次	降水量	3 次	2 次
湿度	14 次	7 次	去年实际单产	10 次	
日照时数	6 次	9 次	去年实际气象单产		5 次

表 16-3 为温度指标入选情况,可见:①夏季 7—9 月温度影响大,其次为春季 3 月和秋季 10 月;②21 次为正相关,25 次负相关;早春以正相关为主,夏季以负相关为主;③南宁、崇左、北海、河

池、贵港、防城港以正相关为主，梧州、玉林、来宾、柳州、钦州、崇左、贺州以负相关为主。

表 16-3　广西 14 个地区甘蔗单产预测模型温度气象指标出现时间

地区	3 月	5 月	6 月	7 月	8 月	9 月	10 月
南宁				(＋)	＋(＋)	＋	＋
崇左			＋	＋			
来宾	＋			－(－)	－(－)	－(－)	
柳州				－(－)	(－)		
河池					＋(＋)	(＋)	
百色	(＋)			－(－)			
钦州				－	－		
防城港				＋			
北海	＋		＋	＋	＋	＋	
贵港	＋						(＋)
玉林				－	－(－)	(－)	
桂林	＋				(－)		
梧州		(－)				－	－(－)
贺州					－(－)		
合计	4(1)	(1)	2	8(4)	7(7)	4(3)	2(2)

备注：括号中相关系数正负情况为模型二，非括号中相关系数正负情况为模型一，下同。

表 16-4 为湿度指标入选情况，可见：①春季和夏季湿度影响大，秋季影响小；②33 次为正相关，没有负相关；③南宁、来宾、崇左、贵港、玉林、桂林以正相关为主，其他地区湿度指标未入选。

表 16-4　广西 14 个地区甘蔗单产预测模型湿度气象指标出现时间

地区	3 月	4 月	5 月	6 月	7 月	8 月	9 月	10 月	11 月
南宁	＋				＋(＋)	＋(＋)			
崇左						(＋)	＋	＋	
来宾	＋		＋		＋(＋)	＋(＋)	＋(＋)	＋	
柳州									
河池									
百色									
钦州									
防城港									
北海									
贵港	＋	＋	＋	＋		＋(＋)		＋	＋

续表 16-4

地区	3月	4月	5月	6月	7月	8月	9月	10月	11月
玉林	+		+			+(+)		+	+
桂林	(+)					(+)			
梧州									
贺州									
合计	4(1)	1	3	1	2(2)	4(6)	2(1)	4	2

表 16-5 为日照时数指标入选情况，可见：①夏季 5—8 月日照时数影响大；②7 次为正相关，11 次负相关；4—6 月以正相关为主，7—10 月以负相关为主；③柳州、河池、崇左、防城港以正相关为主，其他地区以负相关为主。

表 16-5　广西 14 个地区甘蔗单产预测模型日照时数气象指标出现时间

地区	3月	4月	5月	6月	7月	8月	9月	10月
南宁								
崇左			+					
来宾				+		−(−)		
柳州		+	+					
河池				+(+)				
百色								
钦州					−(−)	−		
防城港					+			
北海						−	−	(−)
贵港								
玉林								
桂林	(−)							
梧州								
贺州						−(−)		
合计	(1)	1	2	2(1)	2(1)	4(2)	1	(1)

表 16-6 为降水量指标入选情况，可见：①6—9 月降水量影响大；②7 次为正相关，1 次负相关；夏季以正相关为主；③钦州、崇左、桂林正相关，北海负相关。

表 16-6　广西 14 个地区甘蔗单产预测模型降水量气象指标出现时间

地区	3月	4月	5月	6月	7月	8月	9月	10月
南宁								
崇左								+
来宾								
柳州								

续表 16-6

地区	3月	4月	5月	6月	7月	8月	9月	10月
河池								
百色								
钦州					+(+)	+(+)		
防城港								
北海				(−)				
贵港								
玉林								
桂林						+		
梧州								
贺州								
合计				(1)	1(1)	2(1)		1

第三节　关键气象指标空间分布规律

表 16-7 为 14 个地区甘蔗单产预测模型气象指标出现时间，可见：①14 个地区在温度、湿度、日照时数、降水量 4 项气象指标上没有完全一致的趋势；不同地区影响甘蔗单产的气象指标及其出现时间不同，因此不同地区需要建立不同的单产预测指标体系和预测模型；②7—8 月影响指标多，其他月份影响指标少；③影响因素最少的为百色，只有 3 个，影响因素最多的是来宾，有 21 个。

表 16-7 中，正相关的指标代表在该段时间内不足，负相关的指标代表在该段时间内过剩。14 个地区不利于高产的气象指标如下：

南宁：3 月旱、7—8 月旱、7—10 月温度不够。

崇左：5 月日照时数不够、6—7 月温度不够、8—10 月湿度不够、10 月降水量不够。

来宾：3 月温度不够和湿度不够、5 月湿度不够、6 月日照时数不够、7—9 月温度过高和湿度过小、8 月日照时数过多、8—9 月降水量过多、10 月湿度过小。

柳州：4—5 月日照时数不够、7—8 月温度不够。

河池：6 月日照时数过少、8—9 月温度过低。

百色：3 月温度过低、7 月温度过高。

钦州：7—8 月温度过高、7—8 月日照时数过多、7—8 月降水量过少。

防城港：7 月日照时数过少、8 月温度过低。

北海：3 月温度过低、6 月降水量过多、6—9 月温度过低、8—10 月日照时数过多。

贵港：3 月温度过低、3—6 月湿度过小、8 月湿度过小、10 月温度过低、10 月湿度过小。

玉林：3 月湿度过小、5 月湿度过小、7—9 月温度过低、8 月湿度过小、10—11 月湿度过小。

桂林：3 月温度过低、3 月湿度过小、3 月日照时数过多、8 月温度过高、8 月湿度过小、8 月降水量过少。

梧州：4—5 月温度过高、9—10 月温度过高。

贺州：8 月温度过高、8 月日照时数过多。

表 16-7　广西 14 个地区甘蔗单产预测模型温度气象指标出现时间

地区	指标	3 月	4 月	5 月	6 月	7 月	8 月	9 月	10 月	11 月
南宁	温度					(＋)	＋(＋)	＋	＋	
	湿度	＋				＋(＋)	＋(＋)			
	日照时数									
	降水量									
崇左	温度				＋	＋				
	湿度						(＋)	＋	＋	
	日照时数			(＋)						
	降水量								＋	
来宾	温度	＋				－(－)	－(－)	－(－)		
	湿度	＋		＋		＋(＋)	＋(＋)		＋	
	日照时数				(＋)		－(－)	＋(＋)		
	降水量						＋	＋		
柳州	温度					－(－)	(－)			
	湿度									
	日照时数		＋	＋						
	降水量									
河池	温度						＋(＋)	(＋)		
	湿度									
	日照时数				＋(＋)					
	降水量									
百色	温度	＋				－(－)				
	湿度									
	日照时数									
	降水量									
钦州	温度					－	－			
	湿度									
	日照时数					－(－)	－			
	降水量					＋(＋)	＋(＋)			
防城港	温度						＋			
	湿度									
	日照时数					＋				
	降水量									
北海	温度	＋			＋	＋	＋	＋		
	湿度									
	日照时数						－	－	(－)	
	降水量				(－)					
贵港	温度	＋	＋	＋	＋		＋(＋)		(＋)	
	湿度	＋							＋	
	日照时数									
	降水量									

续表 16-7

地区	指标	3月	4月	5月	6月	7月	8月	9月	10月	11月
玉林	温度					－	－(－)	(－)		
	湿度	＋		＋			＋(＋)		＋	＋
	日照时数									
	降水量									
桂林	温度	＋					(－)			
	湿度	(＋)					(＋)			
	日照时数	(－)								
	降水量						＋			
梧州	温度		(－)	(－)				－	－(－)	
	湿度									
	日照时数									
	降水量									
贺州	温度						－(－)			
	湿度									
	日照时数						－(－)			
	降水量									

参考文献

[1] Wang J , Wang E , Yang X ,et al. Increased yield potential of wheat-maize cropping system in the North China Plain by climate change adaptation[J]. Climatic Change, 2012, 113(3):825-840.

[2] 李杨瑞,杨丽涛 . 20 世纪 90 年代以来我国甘蔗产业和科技的新发展[J]. 西南农业学报,2009,22(05):1469-1476.

[3] 何燕,谭宗琨,丁美花,等 . 制约广西甘蔗产量及蔗糖分含量的关键气象条件研究[J]. 安徽农业科学,2008(08):3181-3184.

[4] 吴炫柯,段毅强,陈利东. 甘蔗茎伸长量与气象水分参数的相关性分析[J]. 气象科技,2011,39(01):110-113.

[5] Bindoff N L , Willebrand J , Artale V ,et al. Climate Change 2013: The Physical Science Basis. Working Group I Contribution to the Fifth Assessment Report of the Intergovernmental Panel on Climate Change[J]. 2007. DOI:10. 1017/CBO9780511546013. 003.

[6] 麻芳兰,李科,罗晓虎,等 . 不同土壤对甘蔗入土切割负载压力影响的研究[J]. 农机化研究,2022,44(01):165-173.

[7] 罗丽玲 . 甘蔗种植的农艺技术与环境影响因素分析[J]. 农机使用与维修,2022(11):137-139.

[8] 王旭 . 甘蔗种植模式对那辣流域土壤侵蚀引起的养分流失及入河的影响研究[D]. 广西大学,2022.

[9] 周一帆,杨林生,孟博,等 . 中国甘蔗主产区产量差及影响因素分析[J]. 中国农业科学,2021,54(11):2377-2388.

[10] 付建涛,孙东磊,陈立君,等 . 温度和降水变化与甘蔗产量的关系分析[J]. 热带农业科学,2018,38(06):13-17.

[11] 刘振洋,赵家松,胡仁傑,等 . 基于关联规则与多元线性回归的云南省甘蔗产量预测模型[J]. 广东农业科学,2022,49(12):160-166. DOI:10. 16768/j. issn. 1004-874X. 2022. 12. 018.

[12] 谢平,张羽,陈圣南 . 徐闻气候变化及其对甘蔗产量与糖分的影响[J]. 广西蔗糖,2006(03):10-14.

[13] 黄中艳 . 中国甘蔗气候类型和特点的客观分析[J]. 作物杂志,2009(02):21-25.

[14] 黄智刚,谢晋波 . 我国亚热带地区甘蔗产量的模型模拟[J]. 中国糖料,2007(01):8-12.

[15] 蒋菊生,谢贵水,林位夫,等 . 气象因子与甘蔗生长的关系及其预测模型的建立[J]. 甘蔗,1999(01):2-6.

[16] 李修华,李婉,张木清,等 . 基于田间环境及气象数据的甘蔗产量预测方法[J]. 农业机械学报,2019,50(S1):233-236.

[17] 于珍珍,邹华芬,于德水,等 . 融合田间水热因子的甘蔗产量 GA-BP 预测模型[J]. 农业机械学报,2022,53(10):277-283.

[18] 钟楚,金莉莉,周臣,等．云南耿马甘蔗茎伸长量与气象因子的关系及其模拟预测[J]. 中国农业气象,2011,32(04):582-587.

[19] 郝小玲,梁春,庞新华,等．基于 R 语言的我国甘蔗产量 ARIMA 模型建立与预测分析[J]. 绿色科技,2016(12):257-260.

[20] 谢名洋,黄永春．GM(1,1)模型在预测甘蔗单产中的应用[J]. 中国糖料, 2001(4):4.

[21] 肖凌,梁玉莲,杨宇红,等．南宁市甘蔗气候产量预测模型[J]. 广东农业科学,2013,40(04):174-176+238.

[22] 刘吉凯．基于 HJ 卫星数据的甘蔗长势监测与估产研究[D]. 南京:南京信息工程大学,2015.

[23] 李铭,方华．山东省粮食产量影响因素探究及产量预测[J]. 农场经济管理,2022(05):34-39.

[24] 冯欣,登巴达吉,孔四新,等．基于线性回归分析模型的藏药波棱瓜子产量预测及其影响因子解析[J]. 中国现代中药,2020,22(03):409-411+426.

[25] 龚波,肖国安,张四梅．基于灰色系统理论的湖南粮食产量预测研究[J]. 湖南科技大学学报(社会科学版),2012,15(05):62-65+79.

[26] 郑昌玲,张蕾,侯英雨,等．基于 WOFOST 模型的冬小麦产量动态预报方法[J]. 干旱地区农业研究,2022,40(06):242-250+267.

[27] 马于茗,陈捷,金志凤,等．基于 AquaCrop 模型的茶叶产量和开采期预报[J]. 中国生态农业学报(中英文),2021,29(08):1339-1349.

[28] 王来刚,郑国清,郭燕,等．融合多源时空数据的冬小麦产量预测模型研究[J]. 农业机械学报,2022,53(01):198-204+458.

[29] 廖志豪,陈志钦,王长龙．基于 GA-BP 神经网络的广东淮山产量预测分析[J]. 农机化研究,2023,45(08):183-187.

[30] 陈盛伟,李彦．区域性苹果低温冻害气象指数保险产品设计——以山东省栖霞市为例[J]. 保险研究,2015(12):78-87.

[31] 王桂芝,陆金帅,陈克垚,等．基于 HP 滤波的气候产量分离方法探讨[J]. 中国农业气象,2014,35(02):195-199.

[32] Thong Nguyen-Huy, et al. Modeling the joint influence of multiple synoptic-scale、climate mode indices on Australian wheat yield using a vine copula-based approach[J]. European Journal of Agronomy, 2018, 98:65-81.

[33] 杨小兵,杨峻,杨晨,等．安徽省花生产量与气象因素的关联度分析及预测模型研究[J]. 中国农学通报,2020,36(34):100-103.

[34] 许鑫,马兆务,熊淑萍,等．基于气候年型的河南省冬小麦产量预测[J]. 中国农业科技导报,2022,24(02):136-144.

[35] 李心怡,张祎,赵艳霞,等．主要作物产量分离方法比较[J]. 应用气象学报,2020,31(01):74-82

[36] 侯彦林,等．粮食预测理论、方法及其应用[M]. 北京:中国农业出版社,2015:5-10,353-356.